はじめに（保護者の方へ）

この本は，小学４年生の算数を勉強しながら，プログラミングの考え方を学べる問題集です。

小学校ではこれから，算数や理科などの既存の教科それぞれに，プログラミングという新しい学びが取り入れられていきます。この目的として，教科をより深く理解することや，思考力を育てることなどがいわれています。

この本を通じて，算数の知識を深めると同時に，情報や手順を正しく読み解く力（＝読む力）や手順を論理立てて考える力（＝思考力）をのばしてほしいと思います。

この本の特長と使

- 算数の理解を深めながら，プログラミング的思考を学べる問題集です。
- 別冊解答には，問題の答えだけでなく，問題の解説や解くためのポイントも載せています。

単元の学習ページです。
計算から文章題まで，単元の内容をしっかり学習しましょう。

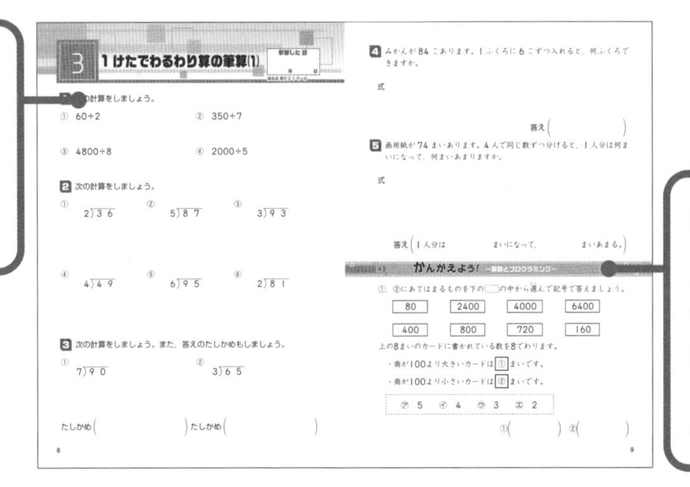

かんがえよう！は，ここまでで学習してきたことを活かして解く問題です。
算数の問題を解きながら，プログラミング的思考にふれます。

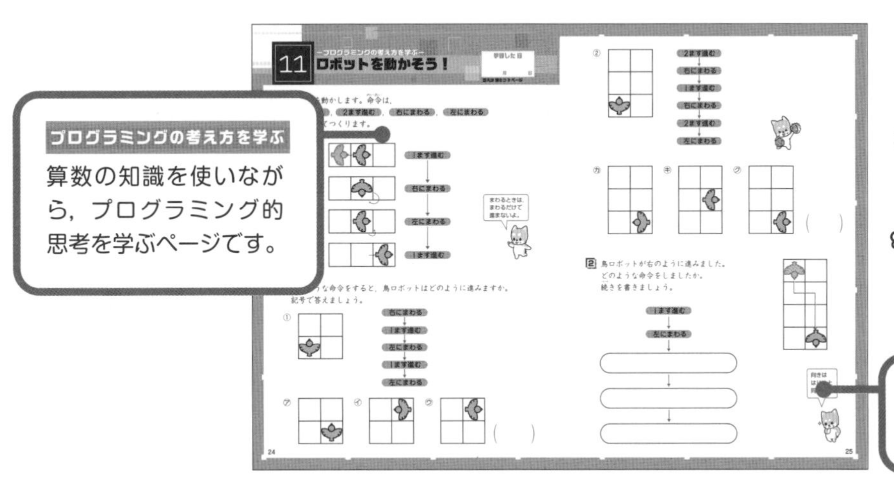

チャ太郎のヒントも参考にしましょう。

もくじ

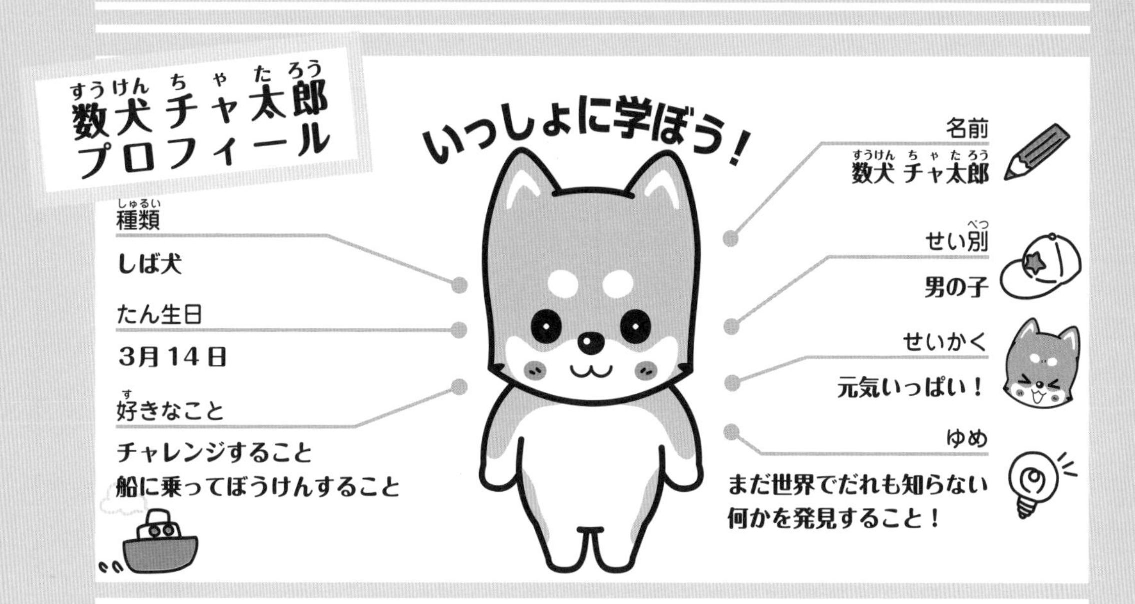

数犬チャ太郎プロフィール
いっしょに学ぼう！
種類
しば犬
たん生日
3月14日
好きなこと
チャレンジすること
船に乗ってぼうけんすること
名前
数犬チャ太郎
せい別
男の子
せいかく
元気いっぱい！
ゆめ
まだ世界でだれも知らない
何かを発見すること！

1 角

答えは 別さつ２ページ

1 次の角度を分度器(ぶんどき)ではかりましょう。

①

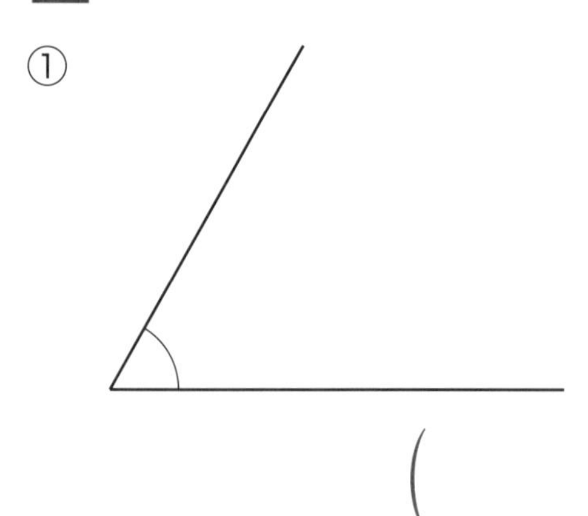

（　　　　）

②

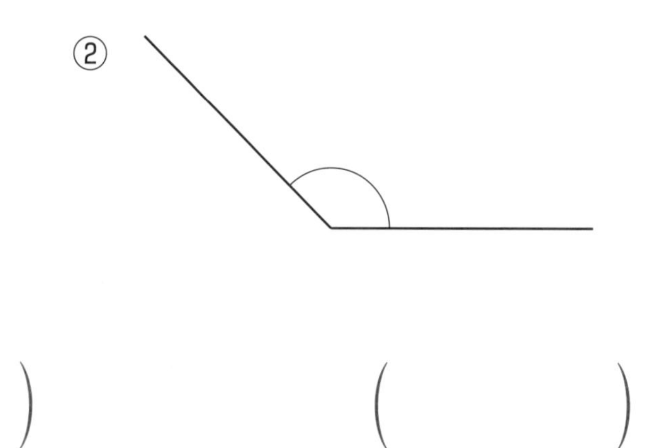

（　　　　）

2 次の□にあてはまる数を書きましょう。

① １直角＝□度

② １回転の角度＝□直角＝□度

3 じょうぎと分度器を使って，次のような三角形をかきましょう。

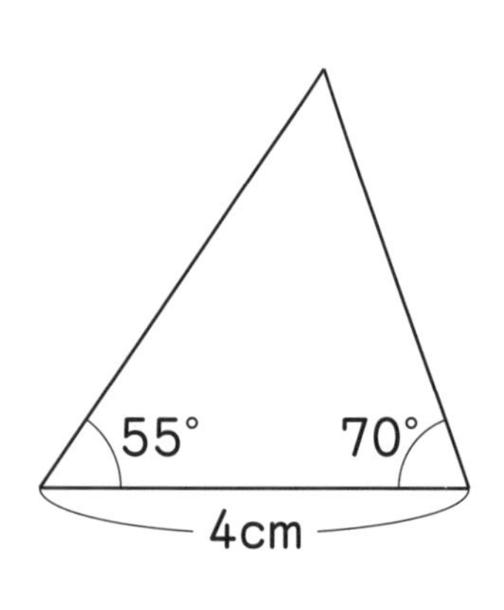

4 次の１組の三角じょうぎを組み合わせてできる㋐，㋑の角度を計算で求(もと)めましょう。

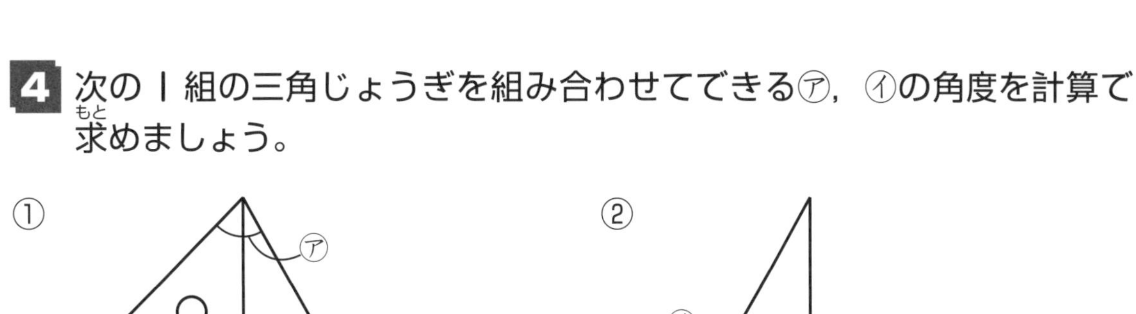

①

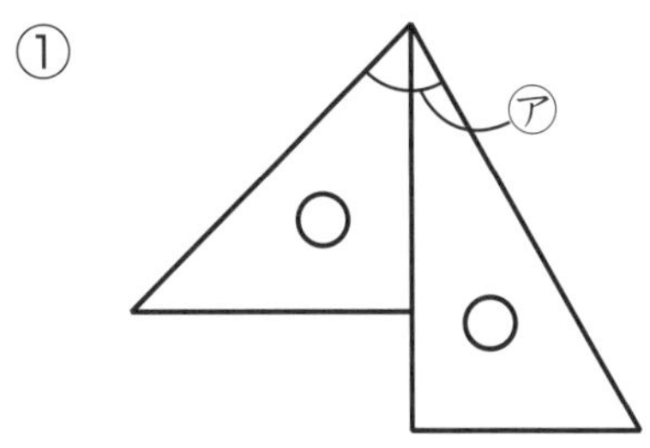

②

式

答え（　　　　　）

式

答え（　　　　　）

5 下の図の㋐の角度を計算で求めましょう。

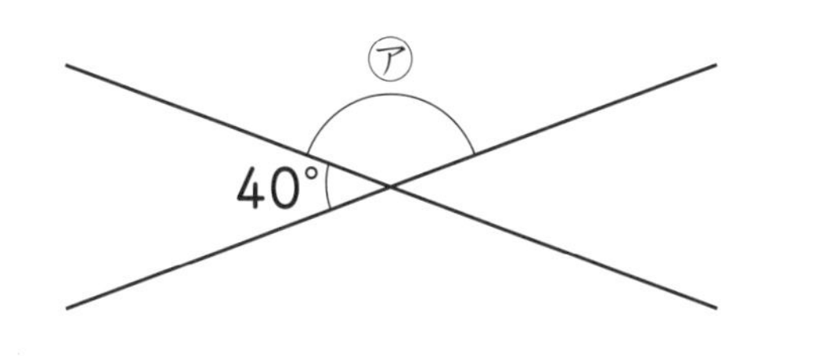

式

答え（　　　　　）

かんがえよう！ ―算数とプログラミング―

①，②にあてはまるものを下の[　　]の中から選(えら)んで記号で答えましょう。

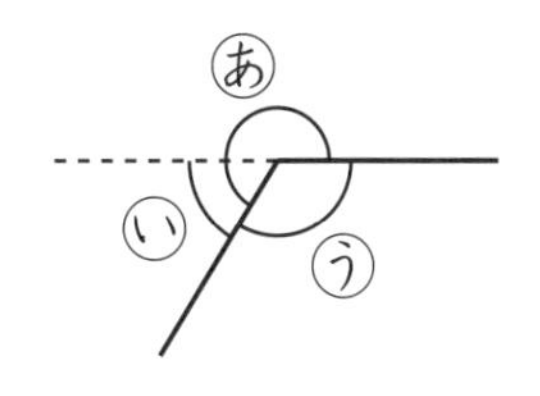

左の図のあの角度を分度器ではかるには，いの角度を分度器ではかって，[①]をたします。または，うの角度を分度器ではかって，[②]からひきます。

㋐　270°　　㋑　180°　　㋒　360°　　㋓　90°

①（　　　　）　②（　　　　）

2 垂直と平行

答えは 別さつ２ページ

1 右の図で，垂直（すいちょく）な直線はどれとどれですか。三角じょうぎを使って調べ，記号で答えましょう。

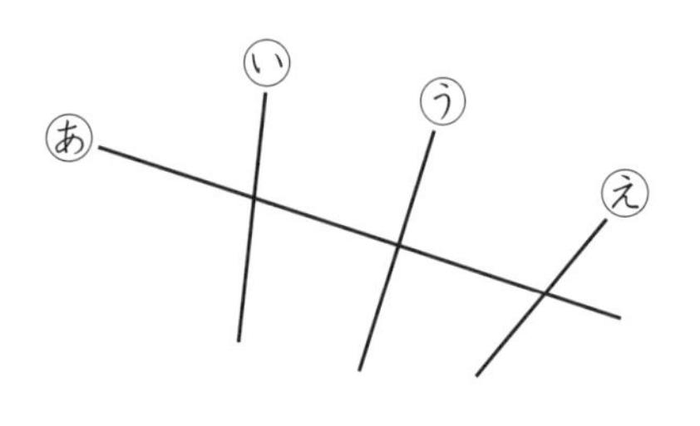

（　　　　と　　　　）

2 右の図で，平行な直線はどれとどれですか。１組の三角じょうぎを使って調べ，記号で答えましょう。

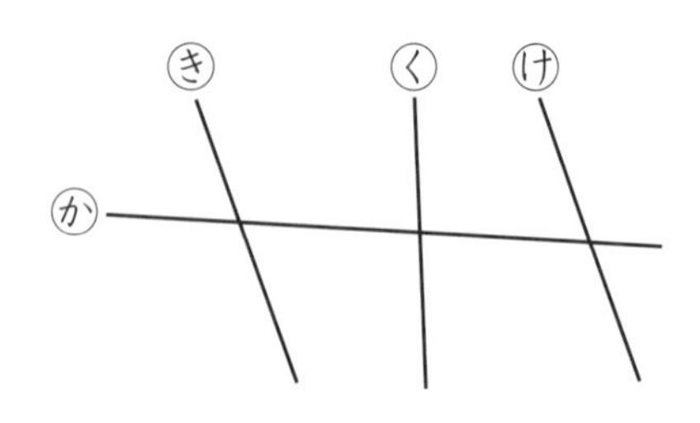

（　　　　と　　　　）

3 １組の三角じょうぎを使って，次の直線をかきましょう。

① 点アを通り，直線㋐に垂直な直線

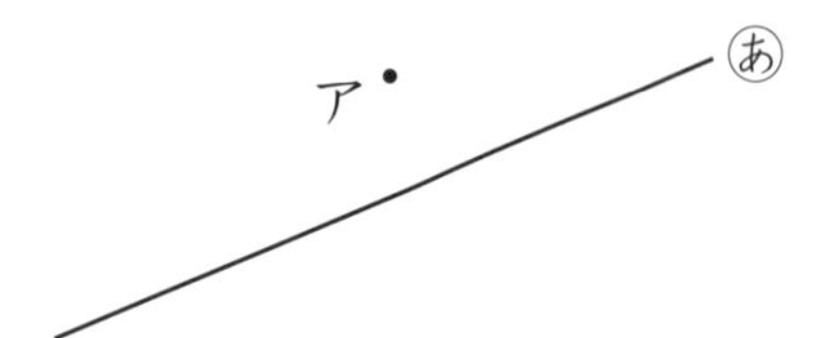

② 点イを通り，直線㋑に平行な直線

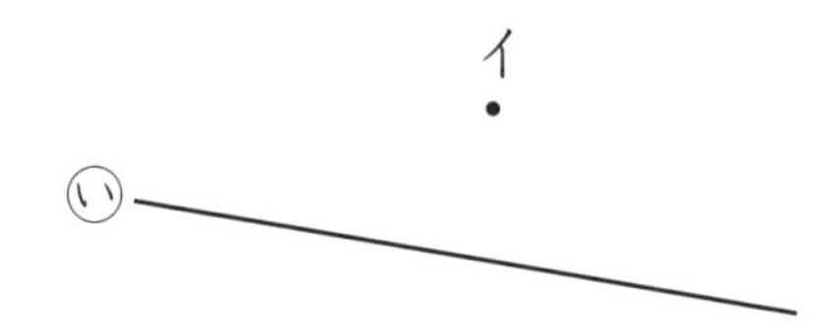

4 下の図で，直線㋐と直線㋑が平行なとき，㋐の角度を計算で求（もと）めましょう。

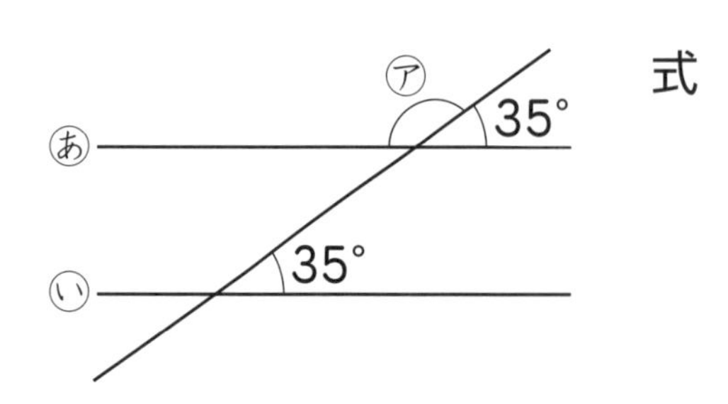

式

答え（　　　　　）

5 下の図で，直線㋐と直線㋑は平行です。

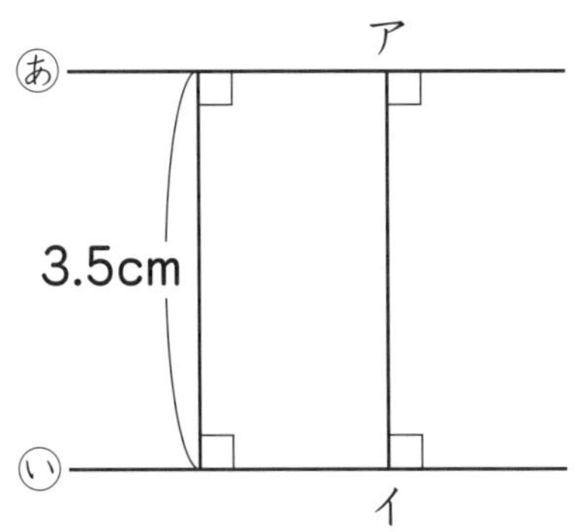

① アイの長さは何cmですか。

（　　　　）

② 平行な2本の直線㋐と直線㋑のはばは何cmですか。

（　　　　）

6 直線㋐と直線㋑，直線㋒と直線㋓はそれぞれ平行です。㋐〜㋓の角度を求めましょう。

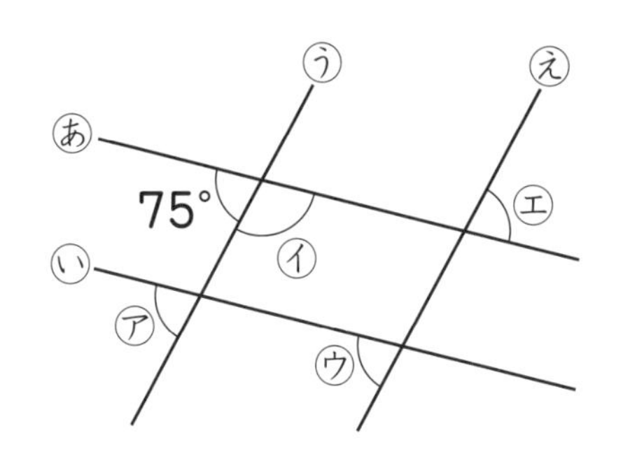

㋐（　　　　）㋑（　　　　）

㋒（　　　　）㋓（　　　　）

かんがえよう！ ー算数とプログラミングー

①，②にあてはまるものを下の▭の中から選（えら）んで記号で答えましょう。

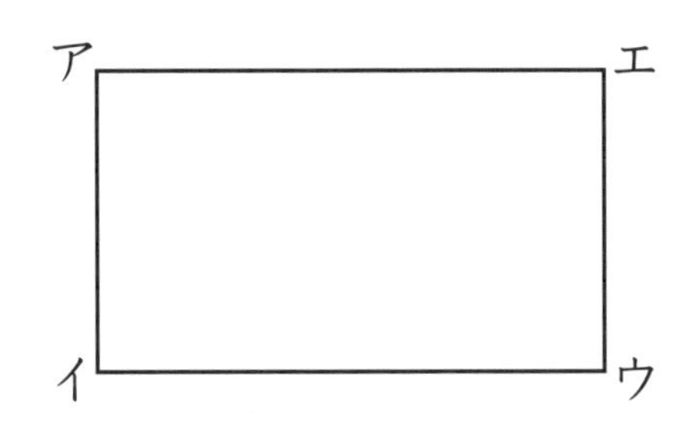

左の図は長方形です。

・辺（へん）アイと平行な辺は，[①]本です。

・辺アイと垂直な辺は，[②]本です。

㋐ 1　㋑ 2　㋒ 3　㋓ 4

①（　　　　）②（　　　　）

3 1けたでわるわり算の筆算(1)

学習した日　　月　　日

答えは 別さつ3ページ

1 次の計算をしましょう。

① $60 \div 2$　　② $350 \div 7$

③ $4800 \div 8$　　④ $2000 \div 5$

2 次の計算をしましょう。

① $2\overline{)36}$　　② $5\overline{)87}$　　③ $3\overline{)93}$

④ $4\overline{)49}$　　⑤ $6\overline{)95}$　　⑥ $2\overline{)81}$

3 次の計算をしましょう。また，答えのたしかめもしましょう。

① $7\overline{)90}$　　② $3\overline{)65}$

たしかめ（　　　　　　　）たしかめ（　　　　　　　）

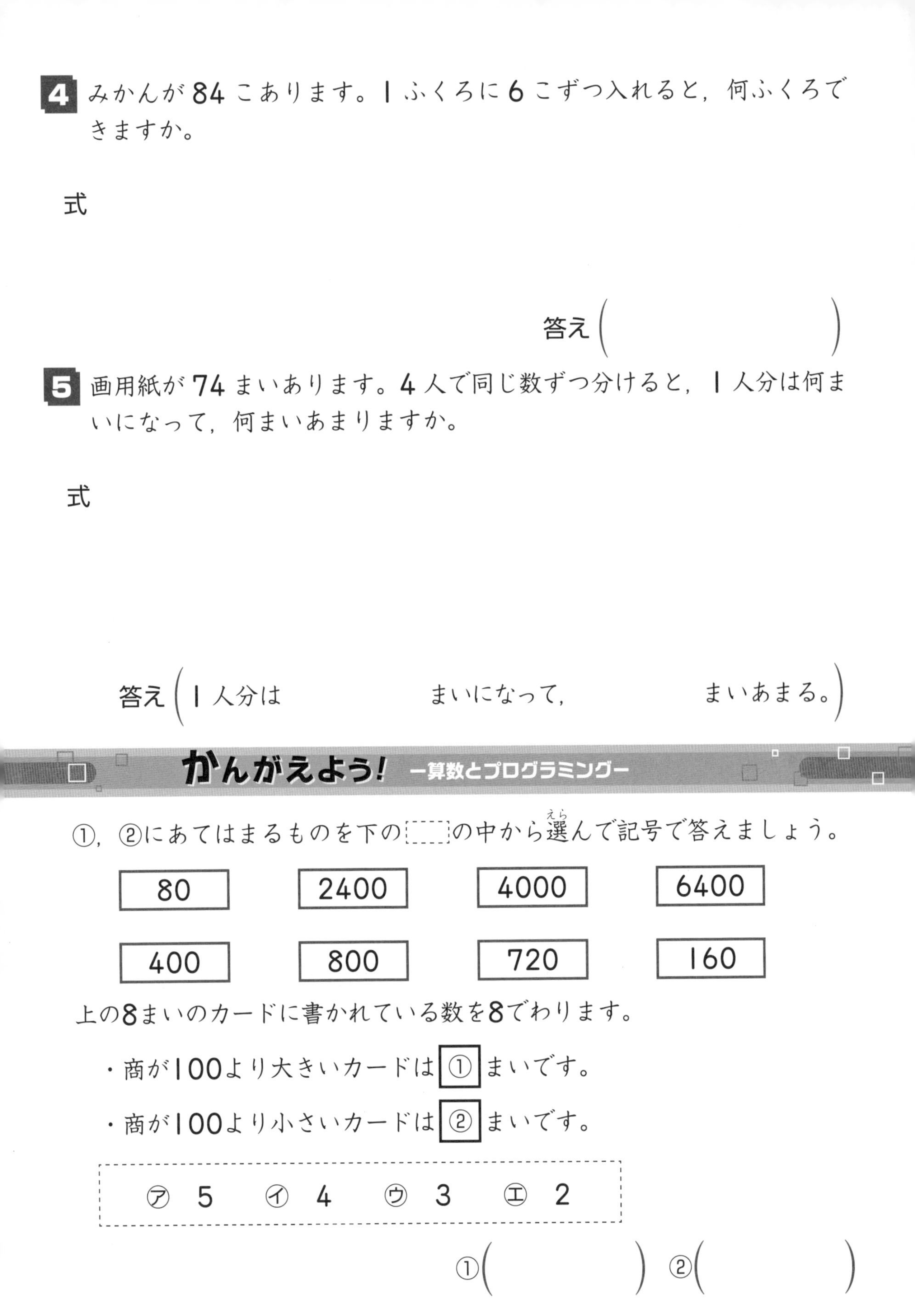

4 みかんが84こあります。1ふくろに6こずつ入れると，何ふくろできますか。

式

答え（　　　　　）

5 画用紙が74まいあります。4人で同じ数ずつ分けると，1人分は何まいになって，何まいあまりますか。

式

答え（1人分は　　　　まいになって，　　　　まいあまる。）

かんがえよう！ —算数とプログラミング—

①，②にあてはまるものを下の□の中から選んで記号で答えましょう。

80	2400	4000	6400
400	800	720	160

上の8まいのカードに書かれている数を8でわります。

・商が100より大きいカードは ① まいです。

・商が100より小さいカードは ② まいです。

㋐ 5　㋑ 4　㋒ 3　㋓ 2

①（　　　）②（　　　）

4 1けたでわるわり算の筆算(2)

学習した日　　月　　日

答えは 別さつ 4ページ

1 次の計算をしましょう。

①
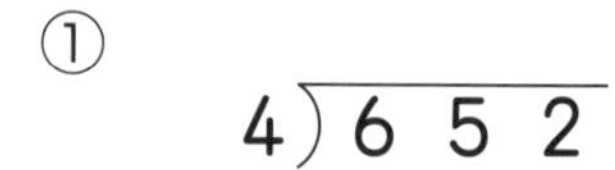
$4\overline{)652}$

② $3\overline{)836}$

③ $6\overline{)843}$

④ $5\overline{)546}$

2 次の計算をしましょう。

① $2\overline{)179}$

② $7\overline{)325}$

③ $9\overline{)635}$

④ $8\overline{)406}$

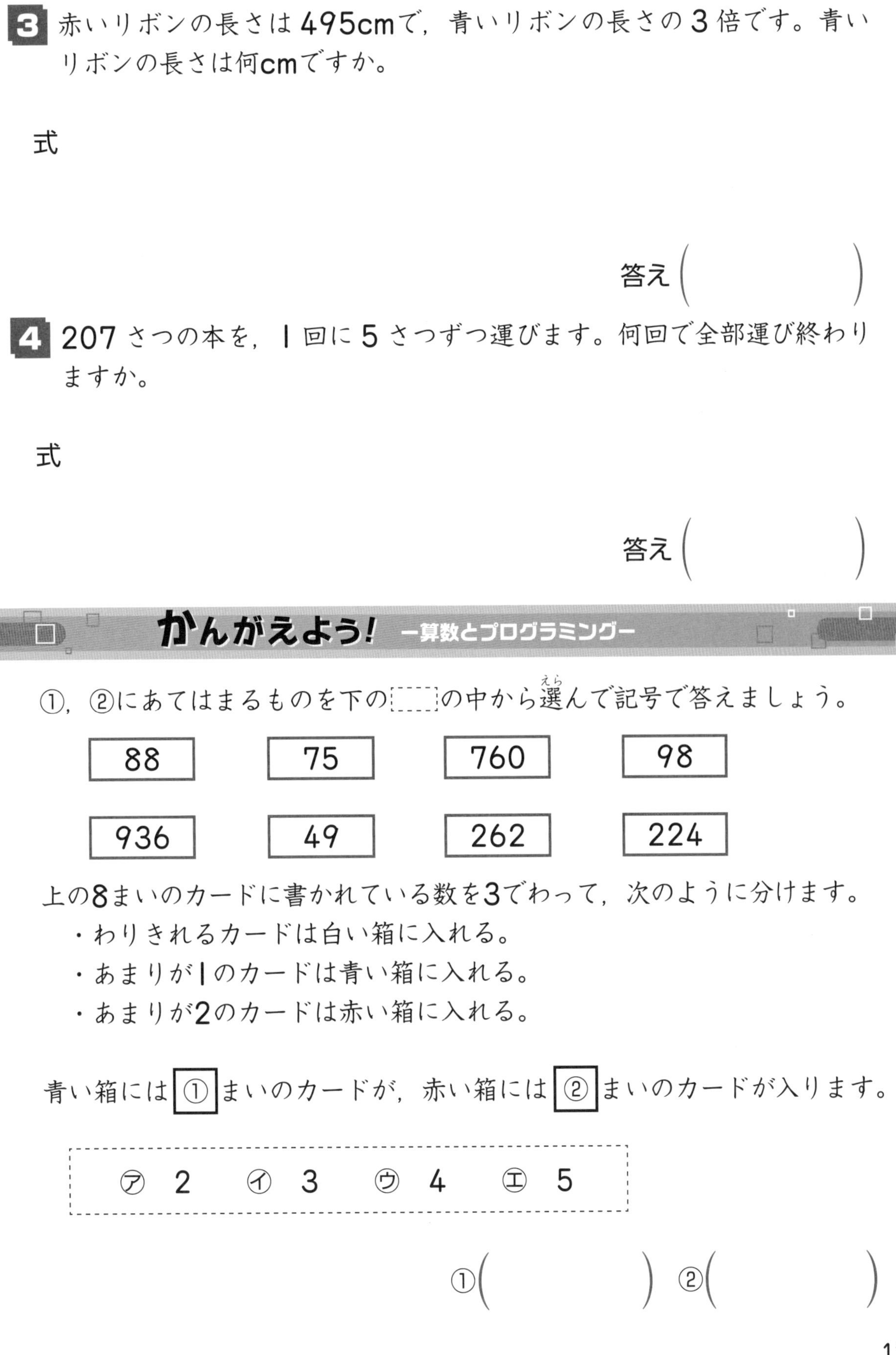

3 赤いリボンの長さは495cmで，青いリボンの長さの3倍です。青いリボンの長さは何cmですか。

式

答え（　　　　）

4 207さつの本を，1回に5さつずつ運びます。何回で全部運び終わりますか。

式

答え（　　　　）

かんがえよう！ ―算数とプログラミング―

①，②にあてはまるものを下の［　］の中から選んで記号で答えましょう。

88	75	760	98
936	49	262	224

上の8まいのカードに書かれている数を3でわって，次のように分けます。

・わりきれるカードは白い箱に入れる。
・あまりが1のカードは青い箱に入れる。
・あまりが2のカードは赤い箱に入れる。

青い箱には［①］まいのカードが，赤い箱には［②］まいのカードが入ります。

㋐ 2　㋑ 3　㋒ 4　㋓ 5

①（　　　　）　②（　　　　）

5 1億より大きい数

学習した日　月　日

答えは 別さつ4ページ

1 次の数を数字で書きましょう。

① 1億(おく)を6こ，1000万を7こ，10万を3こ，1万を9こあわせた数

（　　　　　　　　）

② 1000億を200こ集めた数

（　　　　　　　　）

2 次の数直線の□にあてはまる数を書きましょう。

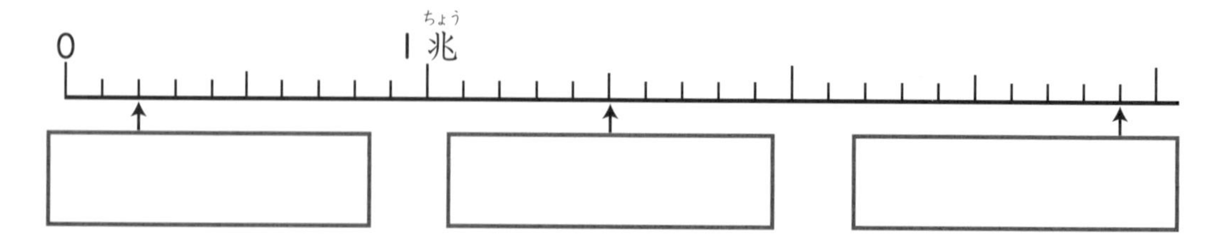

3 次の数を書きましょう。

① 8000万を10倍した数　（　　　　　　　　）

② 4000億を10倍した数　（　　　　　　　　）

③ 5000万を100倍した数　（　　　　　　　　）

④ 6億を$\frac{1}{10}$にした数　（　　　　　　　　）

4 0〜9の10この数字のうち9こを1回ずつ使って，9けたの整数をつくります。8億にいちばん近い整数をつくりましょう。

（　　　　　　　　）

5 次の計算を筆算でしましょう。③，④はくふうして計算しましょう。

① 247×638

② 809×503

③ 7200×400

④ 480×2500

かんがえよう！ ー算数とプログラミングー

①，②にあてはまるものを下の[ ]の中から選んで記号で答えましょう。

500兆	5000万	50兆
5000兆	500億	5兆

・上のカードで，500億より小さいものは，[①]まいです。

・上のカードで，5兆より大きいものは，[②]まいです。

㋐ 1　㋑ 2　㋒ 3　㋓ 4

①（　　　　）②（　　　　）

6 おはじきを動かそう！

ープログラミングの考え方を学ぶー

学習した日　　月　　日

答えは別さつ 5 ページ

下の図で，おはじきをスタートのますから右に動かして，10 のますまで進めます。

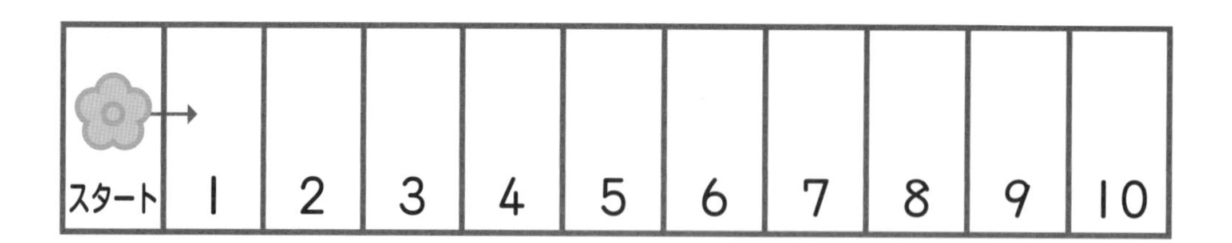

(例)□にあてはまる数を答えましょう。

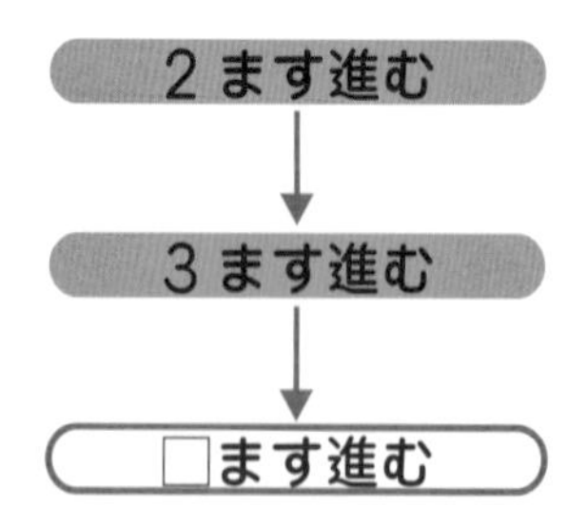

	2ます			3ます					5ます	
スタート	1	2	3	4	5	6	7	8	9	10

(答え)　5

1 おはじきを 10 のますまで進めます。□にあてはまる数を書きましょう。

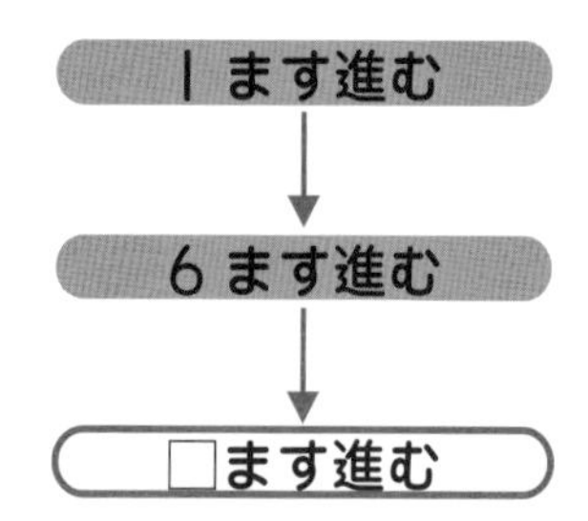

(　　　　)

2 おはじきを10のますまで進めます。□と△にあてはまる数の組み合わせは，3つあります。すべて答えましょう。

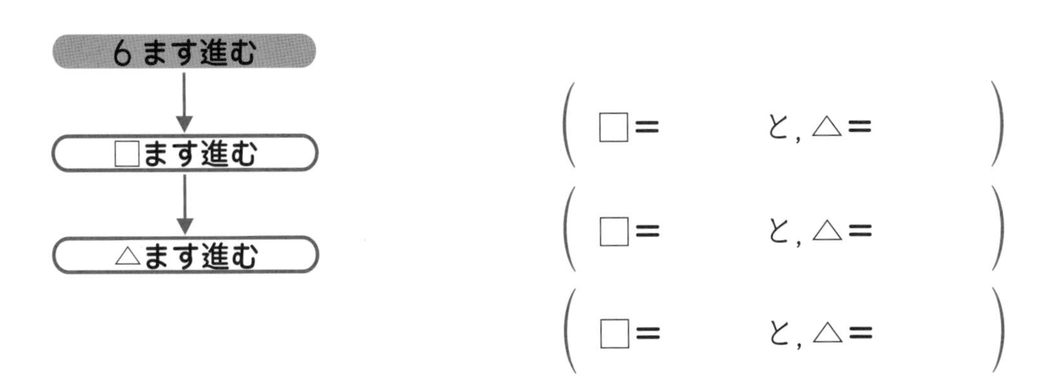

3 おはじきを10のますまで進めます。□と△にあてはまる数の組み合わせは，いくつありますか。

① 5ます進む

↓

□ます進む

↓

△ます進む

（　　　　）

②

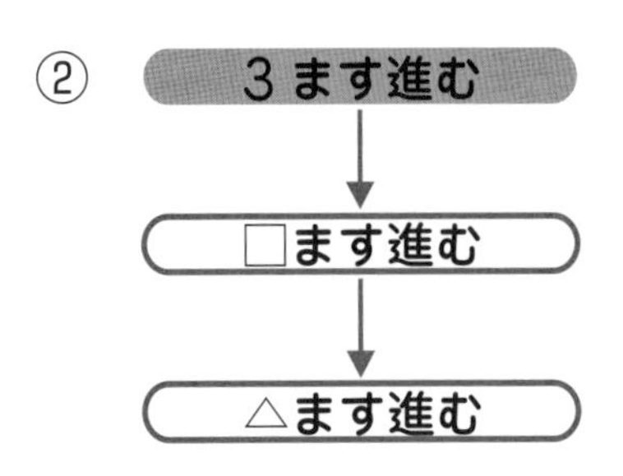

（　　　　）

③

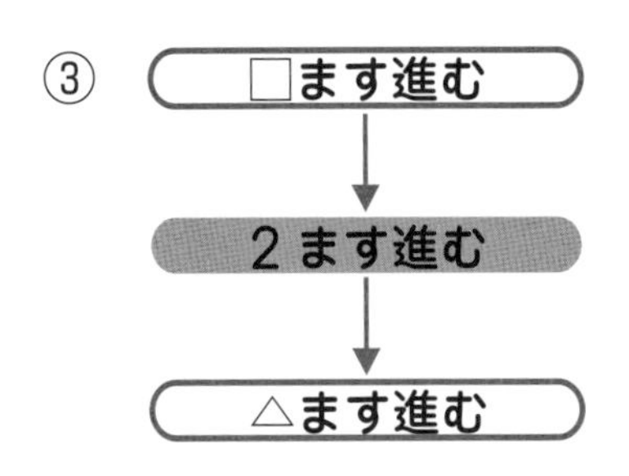

（　　　　）

7 折れ線グラフと表

学習した日　月　日

答えは 別さつ6ページ

1 右の折れ線グラフは，ある市の4月から9月までの気温の変わり方を表しています。次の問題に答えましょう。

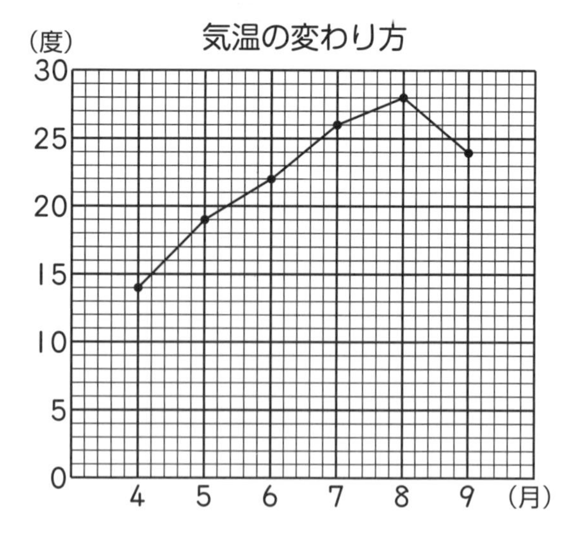

① グラフのたてのじくと横のじくは，それぞれ何を表していますか。

たてのじく（　　　　　）

横のじく（　　　　　）

② いちばん気温が低いのは何月で，何度ですか。

（　　　　月で，　　　　度）

2 右のグラフは，校庭と教室の気温を調べたものです。次の問題に答えましょう。

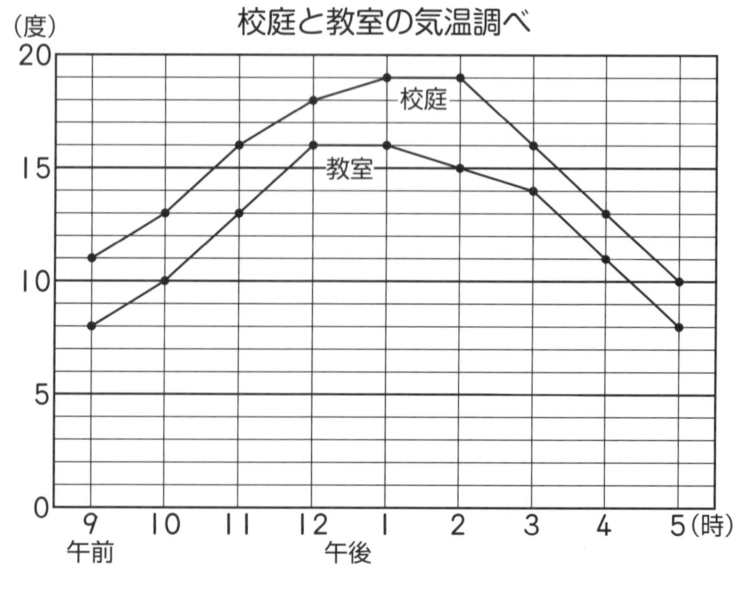

① 午前9時から午前12時までの間で，気温の変わり方が大きいのは，どちらの場所ですか。

（　　　　　）

② 校庭と教室の気温のちがいがいちばん大きいのは，何時で，そのちがいは何度ですか。

（　　　　時で，　　　　度）

3 右の表は，りくさんの6才から10才までの体重を調べたものです。次の問題に答えましょう。

りくさんの体重調べ

年れい(才)	6	7	8	9	10
体重(kg)	19	22	27	31	34

① [ ] や(　　)の中に，単位(たんい)や数を書きましょう。

② 折れ線グラフをかきましょう。

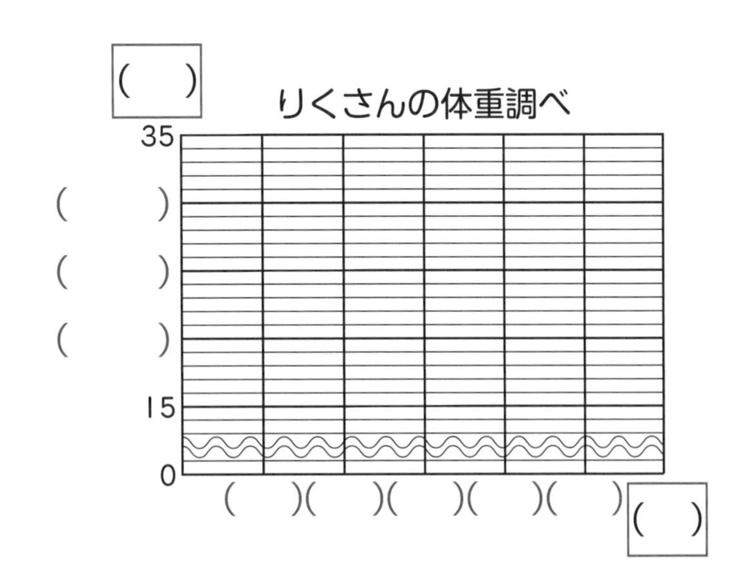

かんがえよう！ ー算数とプログラミングー

①，②にあてはまるものを下の[ ]の中から選(えら)んで記号で答えましょう。

30分間に通った乗り物の種類(しゅるい)と数	庭の1時間おきの温度の変化(へんか)	あゆみさんの毎年4月1日の身長

上の3まいのカードに書いてあることがらについて考えます。

・グラフを，ぼうグラフで表した方がわかりやすいことがらが書いてあるカードは，[①]まいです。

・グラフを，折れ線グラフで表した方がわかりやすいことがらが書いてあるカードは，[②]まいです。

㋐ 0　㋑ 3　㋒ 2　㋓ 1

①(　　　　)　②(　　　　)

8 整理のしかた

学習した日　月　日

答えは 別さつ 6 ページ

1 下の表は，ある１か月間に学校でけがをした人の記録(きろく)をまとめたものです。次の問題に答えましょう。

けがの種類(しゅるい)と場所調べ　(人)

種類＼場所	教室	ろう下	体育館	合計
すりきず	2		3	9
切りきず		3	2	10
つき指	1	2		6
打ぼく	2	2	4	
合計	10	11		

① 表のあいているところに，あてはまる数を書きましょう。

② どの場所で，どんなけがをした人が，いちばん多いですか。

(　　　　　で，　　　　　をした人)

2 町内の遠足で，ジュースかお茶のどちらかを選(えら)んでもらって配りました。ジュースを選んだ人は 21 人，お茶を選んだ人は 19 人でした。大人は 17 人で，ジュースを選んだ大人は 9 人でした。次の問題に答えましょう。

① 右の表に数を書き入れて，表を完成(かんせい)させましょう。

② 遠足に参加(さんか)した人は，全部で何人ですか。

(　　　　　)

ジュースとお茶調べ　(人)

	ジュース	お茶	合計
子ども			
大人			
合計			

3 なおみさんのクラスで，算数と理科の好(す)ききらいを調べて，表にまとめました。次の問題に答えましょう。

① 右の表のあいているところに数を入れて，表を完成させましょう。

算数と理科の好ききらい調べ　(人)

		理科		合計
		好き	きらい	
算数	好き		ア 6	
	きらい	12		
合計		26	10	36

② 表のアに入る数は，何を表していますか。

(　　　　　　　　　　)

かんがえよう！ ―算数とプログラミング―

①，②にあてはまるものを下の[　]の中から選(えら)んで記号で答えましょう。

上の **3** の表について考えます。

・算数も理科も好きな人の数は，[①]人です。

・算数も理科もきらいな人の数は，[②]人です。

㋐ 14　㋑ 4　㋒ 10　㋓ 26

①(　　　)　②(　　　)

9 がい数とその計算

学習した日　　月　　日

答えは 別さつ7ページ

1 次の数を四捨五入(ししゃごにゅう)して，〔　〕の中の位(くらい)までのがい数にしましょう。

① 3681〔百の位〕　　② 208149〔千の位〕

(　　　　)　　(　　　　)

2 次の数を四捨五入して，上から1けたのがい数にしましょう。

① 704　　② 4908

(　　　　)　　(　　　　)

3 次の数を四捨五入して，上から2けたのがい数にしましょう。

① 1637　　② 47502

(　　　　)　　(　　　　)

4 四捨五入して上から1けたのがい数にして，答えを見積(みつ)もりましょう。

① 825+463　　② 5704−2079

5 四捨五入して上から1けたのがい数にして，答えを見積もりましょう。

① 671×184　　② 8385÷39

6 わられる数は四捨五入して上から2けた，わる数は四捨五入して上から1けたのがい数にして，答えを見積もりましょう。

① 3465÷713　　② 27166÷289

7 四捨五入して一万の位までのがい数にしたとき，30000になる整数のはんいを，「以上（いじょう），未満（みまん）」を使って表しましょう。

（　　　以上　　　未満）

8 東町の人口は6923人，西町の人口は9463人です。2つの町の人口の和を，上から1けたのがい数にして求め（もと）ましょう。

式

答え（　　　）

かんがえよう！ ―算数とプログラミング―

①，②にあてはまるものを下の［　］の中から選ん（えら）で記号で答えましょう。
四捨五入して，上から1けたのがい数にして，答えを見積もります。

・△372＋2965の千の位の数は，［①］になります。
・□561－4297の千の位の数は，［②］になります。

㋐ □−4　㋑ △+2　㋒ □−3　㋓ △+3

①（　　）②（　　）

10 式と計算

学習した日　月　日

答えは 別さつ 8 ページ

1 次の計算をしましょう。

① 25−7×3

② 16+28÷4

③ 4+9×5−12

④ 30−18÷6+15

2 次の計算をしましょう。

① 17−(5+7)

② 29−(13−10)

③ 4×(8−2)

④ 56÷(4+3)

⑤ 15+6×(5−2)

⑥ 70−42÷(7−1)

3 1 本 60 円のペンを 4 本買って，500 円玉を出しました。おつりはいくらですか。1 つの式に表して答えを求(もと)めましょう。

式

答え（　　　）

4 次の計算をくふうしてしましょう。

① $93\times68+7\times68$

② $36\times84-36\times74$

③ 102×42

④ 31×97

かんがえよう！ ー算数とプログラミングー

①，②にあてはまるものを下の[　]の中から選(えら)んで記号で答えましょう。

「$12+3\times2=15\times2=30$」の計算はまちがっています。

まちがいを説明(せつめい)している文章は，[①]です。

正しい計算は，[②]です。

㋐ $12+3\times2=36\times2=72$
㋑ 3×2を先に計算せず，$12+3$を先に計算している。
㋒ $12+3\times2=12+6=18$
㋓ 12×2を先に計算せず，$12+3$を先に計算している。

①(　　　　) ②(　　　　)

11 ロボットを動かそう！

ープログラミングの考え方を学ぶー

学習した日　　月　　日

答えは 別さつ 8 ページ

鳥ロボットを動かします。命令(めいれい)は，

1ます進む，2ます進む，右にまわる，左にまわる

を組み合わせてつくります。

(例(れい))

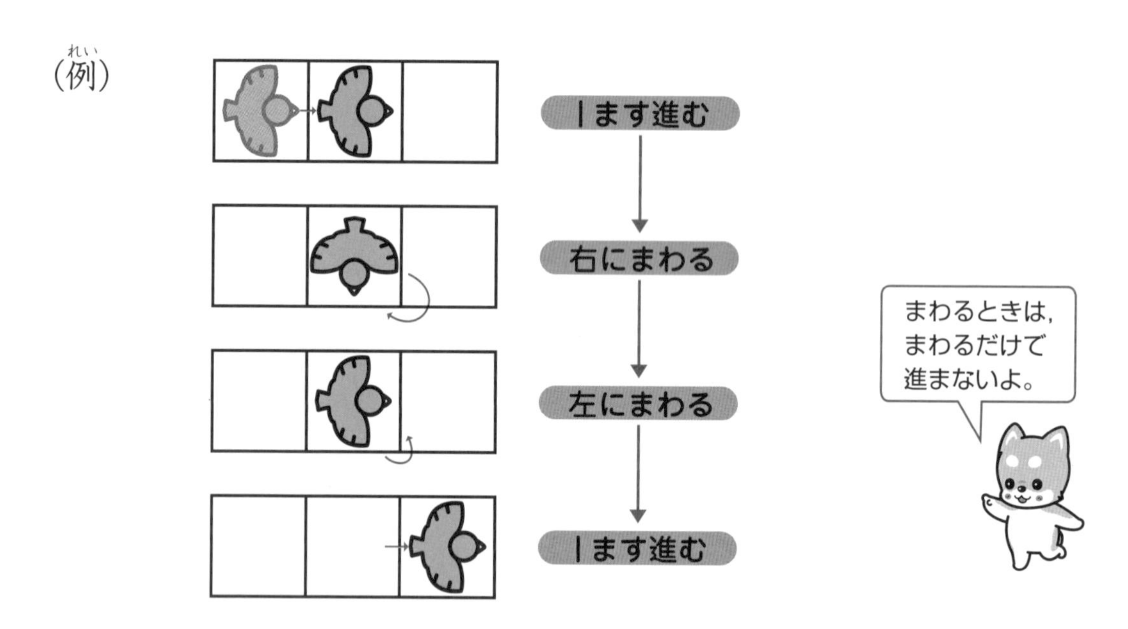

1 次のような命令をすると，鳥ロボットはどのように進みますか。記号で答えましょう。

①

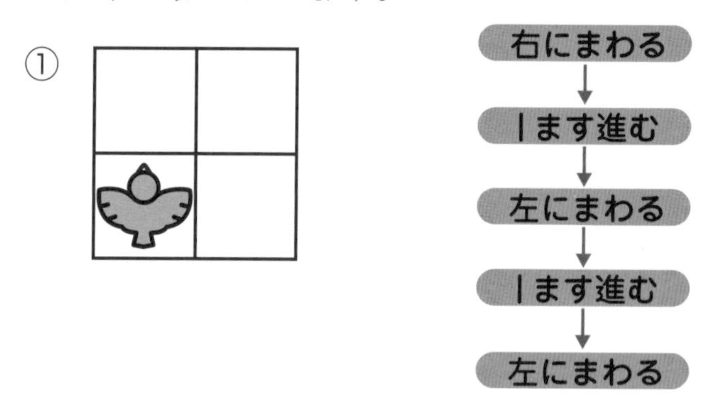

㋐

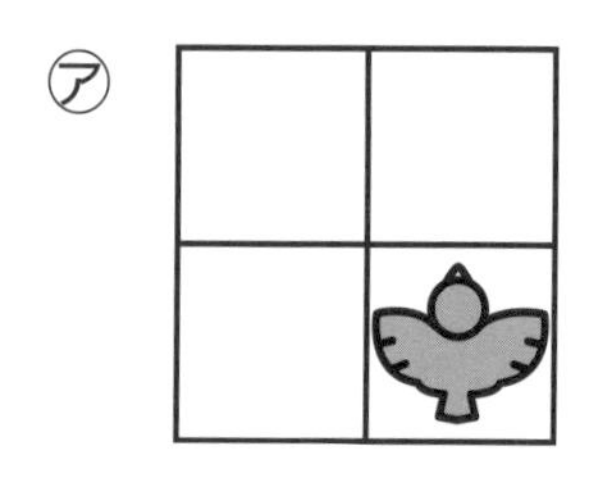

㋑

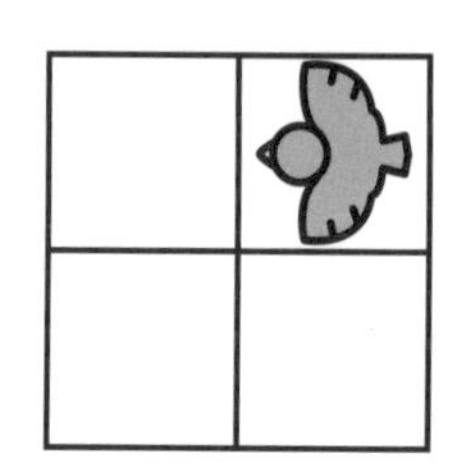

㋒

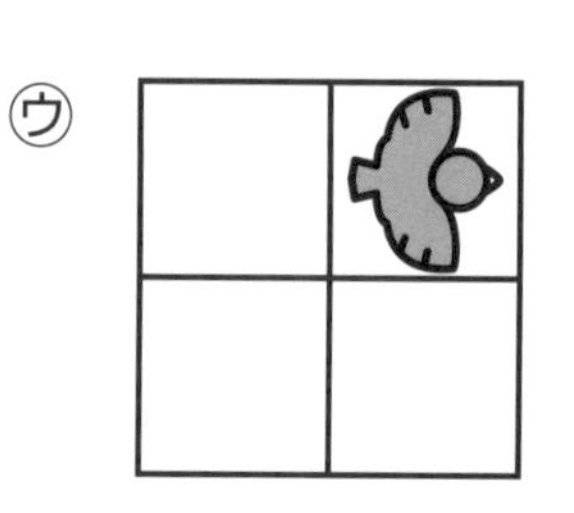

(　　　)

②

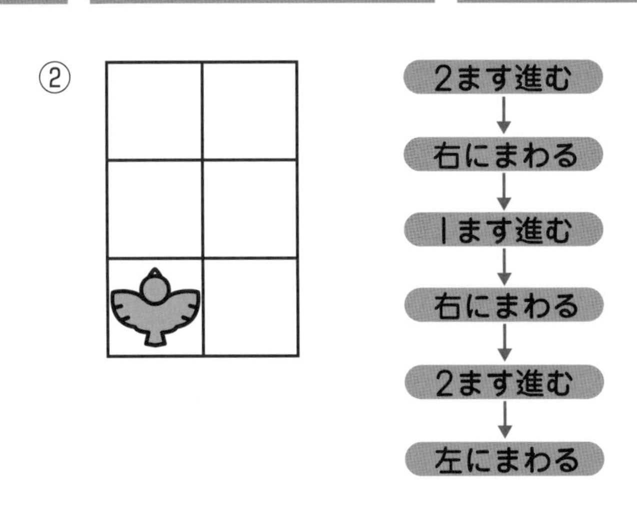

㋕

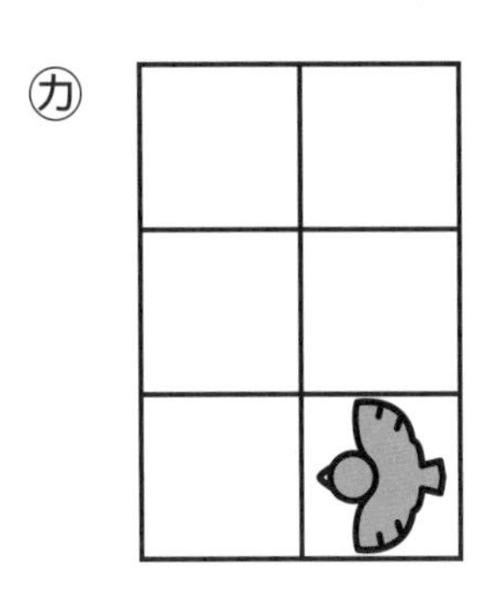

㋖

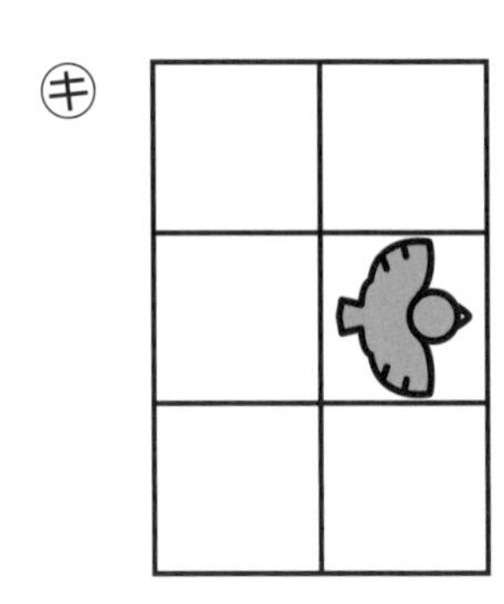

㋗

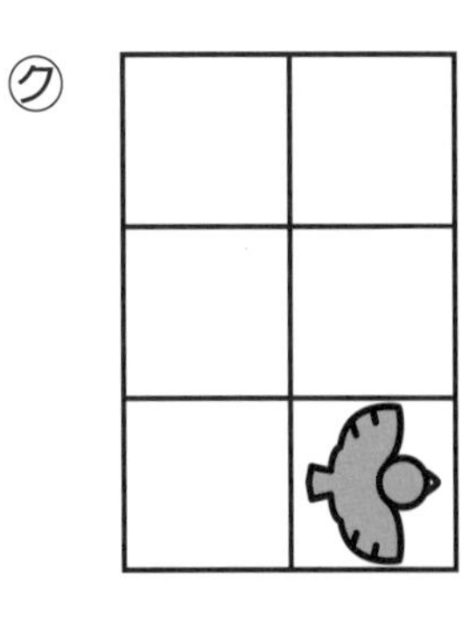

(　　　)

2 鳥ロボットが右のように進みました。
どのような命令をしましたか。
続(つづ)きを書きましょう。

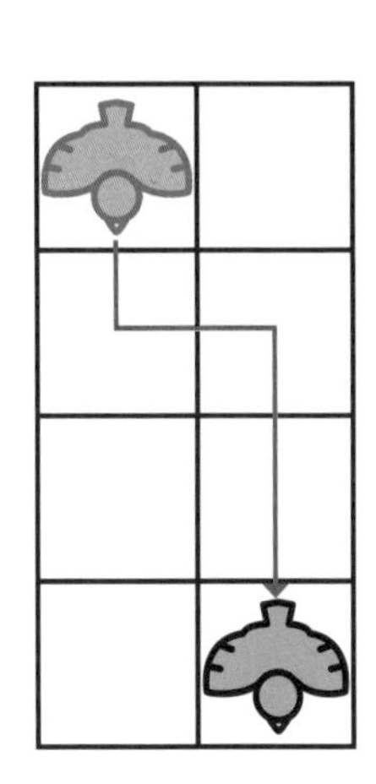

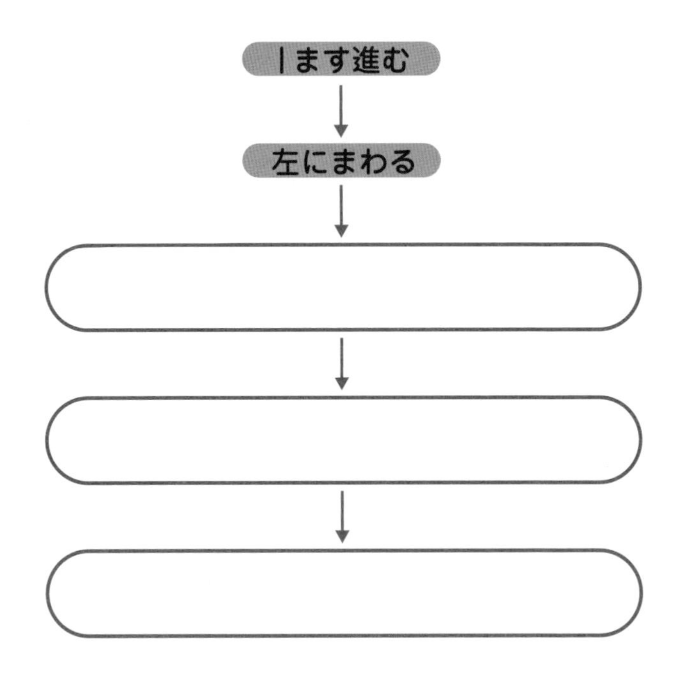

12 四角形(1)

学習した日　月　日

答えは別さつ9ページ

1 下の図の中から，台形，平行四辺形，ひし形をそれぞれすべて選び，記号で答えましょう。

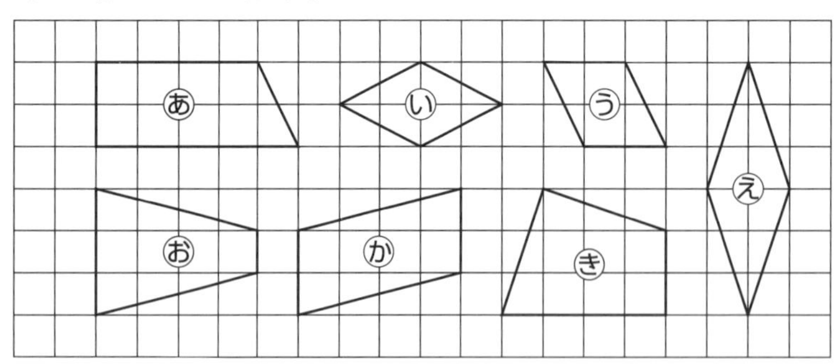

台形（　　　）　平行四辺形（　　　）　ひし形（　　　）

2 次の四角形は，何という四角形ですか。

① 向かい合う2組の辺がどちらも平行になっている四角形

（　　　）

② 辺の長さがすべて等しい四角形

（　　　）

③ 向かい合う1組の辺が平行な四角形

（　　　）

3 次のような，辺ADと辺BCが平行な台形をかきましょう。

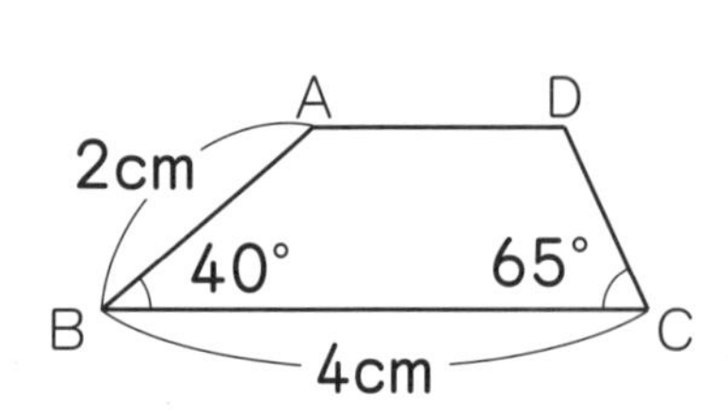

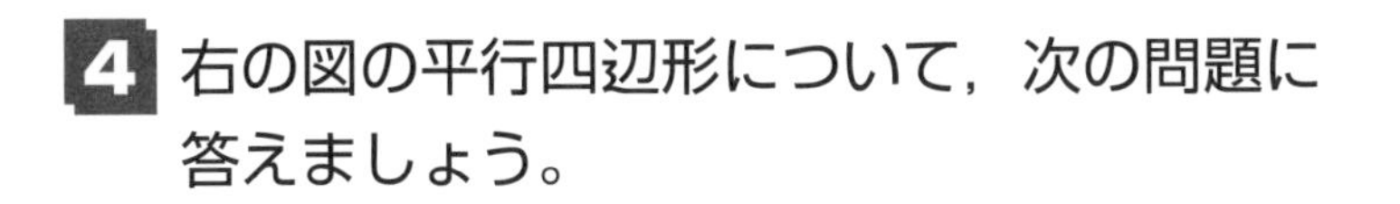

4 右の図の平行四辺形について，次の問題に答えましょう。

① 辺ADの長さは何cmですか。

（　　　　）

② 辺CDの長さは何cmですか。

（　　　　）

③ 角Cの大きさは何度ですか。

（　　　　）

④ 角Dの大きさは何度ですか。

（　　　　）

かんがえよう！ ー算数とプログラミングー

①，②にあてはまるものを下の[　]の中から選(えら)んで記号で答えましょう。
下の図で，平行四辺形には青をぬります。ひし形には赤をぬります。

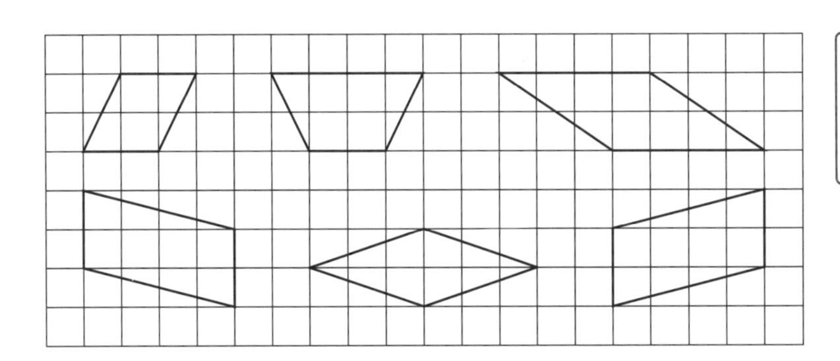

平行四辺形でも，ひし形でもない四角形には，色をぬらないよ。

・青にぬられた形は ① つ，赤にぬられた形は ② つになります。

㋐ 1　㋑ 2　㋒ 3　㋓ 4

①（　　　　）　②（　　　　）

13 四角形(2)

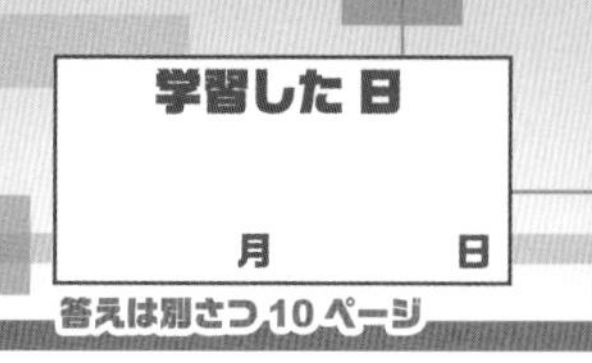

答えは別さつ10ページ

1 右の図のひし形(がた)について，次の問題に答えましょう。

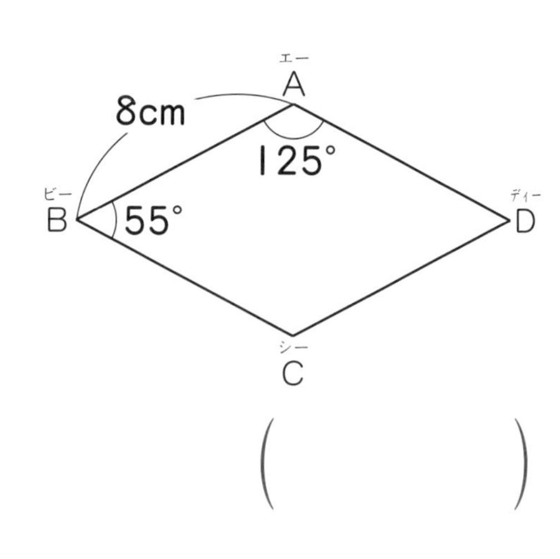

① 辺(へん)CDの長さは何cmですか。

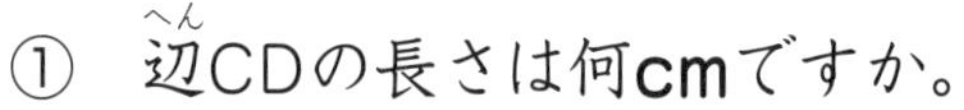

② 辺BCの長さは何cmですか。

（　　　　）

③ 角Cの大きさは何度ですか。

（　　　　）

④ 角Dの大きさは何度ですか。

2 ①～③のせいしつにあてはまる四角形を，それぞれ，次の㋐～㋔からすべて選(えら)び，記号で答えましょう。

㋐ 正方形	㋑ 長方形	㋒ 台形
㋓ ひし形	㋔ 平行四辺形(へいこうしへんけい)	

① 2本の対角線が，それぞれのまん中で交わる四角形。

（　　　　）

② 2本の対角線の長さが等しい四角形。

③ 2本の対角線が垂直(すいちょく)で，それぞれのまん中で交わる四角形。

3 下の3つの点A，B，Cを頂点(ちょうてん)とする平行四辺形は3つあります。3つともかきましょう。

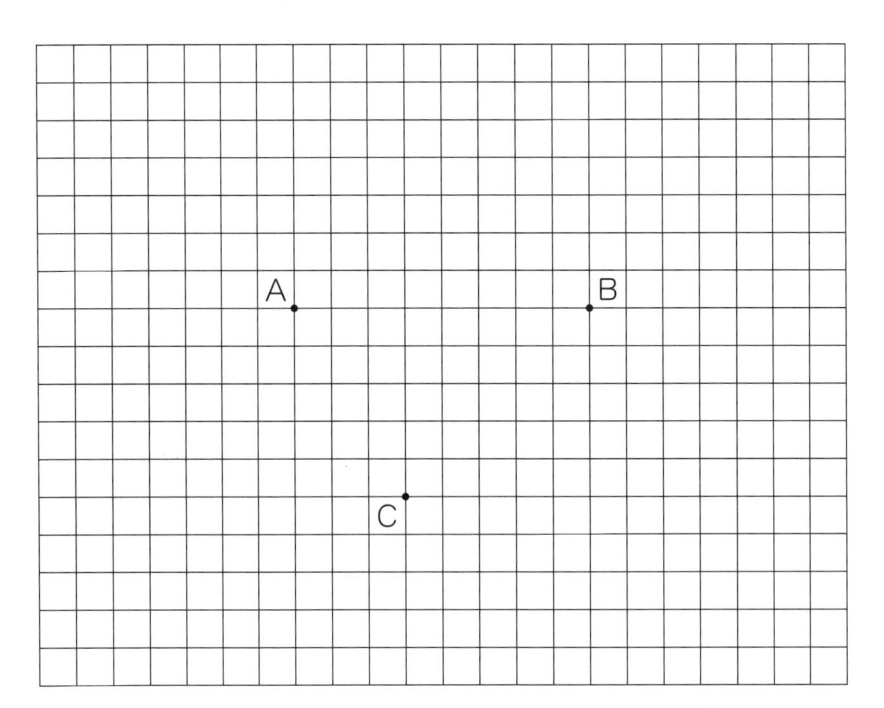

かんがえよう！ ―算数とプログラミング―

①，②にあてはまるものを下の[ ]の中から選(えら)んで記号で答えましょう。

「Ｉ辺(へん)の長さがすべて5cmの四角形は正方形だけです。」はまちがっています。

まちがいを説明(せつめい)している文章は，①です。

正しい文章は，②です。

㋐　Ｉ辺の長さがすべて5cmの四角形には長方形もあるから。
㋑　Ｉ辺の長さがすべて5cmの四角形は，ひし形と正方形です。
㋒　Ｉ辺の長さがすべて5cmの四角形にはひし形もあるから。
㋓　Ｉ辺の長さがすべて5cmの四角形は，長方形と正方形です。

①(　　　　)　②(　　　　)

14 2けたでわるわり算の筆算(1)

学習した日　月　日

答えは 別さつ 10 ページ

1 次の計算をしましょう。

① 270÷30

② 400÷80

③ 70÷20

④ 260÷40

2 次の計算をしましょう。

① $43\overline{)86}$

② $35\overline{)78}$

③ $23\overline{)87}$

④ $16\overline{)53}$

⑤ $58\overline{)238}$

⑥ $67\overline{)470}$

⑦ $84\overline{)745}$

⑧ $19\overline{)183}$

3 93このあめを15こずつふくろにつめます。15こ入りのふくろは何ふくろできて，あめは何こあまりますか。

式

答え（　　　　　　）

4 荷物が134こあります。これを1回に24こずつ運びます。何回で運び終わりますか。

式

答え（　　　　　　）

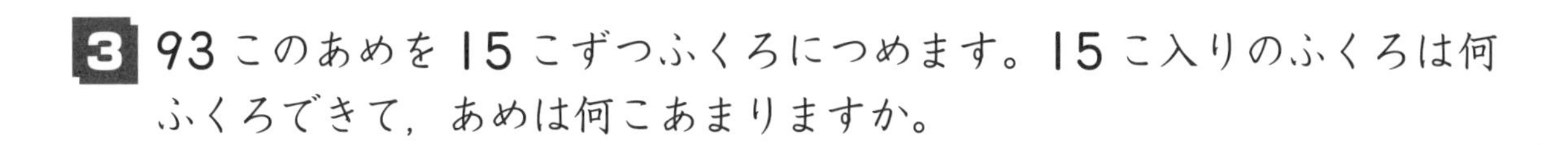

①，②にあてはまるものを下の［　］の中から選(えら)んで記号で答えましょう。

「57÷13=3あまり18」の計算はまちがっています。

まちがいを説明(せつめい)している文章は，［①］です。

正しい計算は，［②］です。

㋐　あまりがわる数より大きくなっている。
㋑　57÷13=5あまり2
㋒　あまりが商より大きくなっている。
㋓　57÷13=4あまり5

①（　　　　）　②（　　　　）

15 2けたでわるわり算の筆算(2)

学習した日　　月　　日

答えは 別さつ 11 ページ

1 次の計算をしましょう。

① $34\overline{)481}$

② $12\overline{)763}$

③ $27\overline{)829}$

④ $137\overline{)698}$

⑤ $736\overline{)5197}$

⑥ $67\overline{)6015}$

⑦ $314\overline{)8238}$

2 くふうして計算しましょう。

① $800\overline{)6000}$

② $9000\overline{)29000}$

3 845本の水を，1箱に16本ずつつめていきます。何箱できて，何本あまりますか。

式

答え（　　　箱できて，　　　本あまる。）

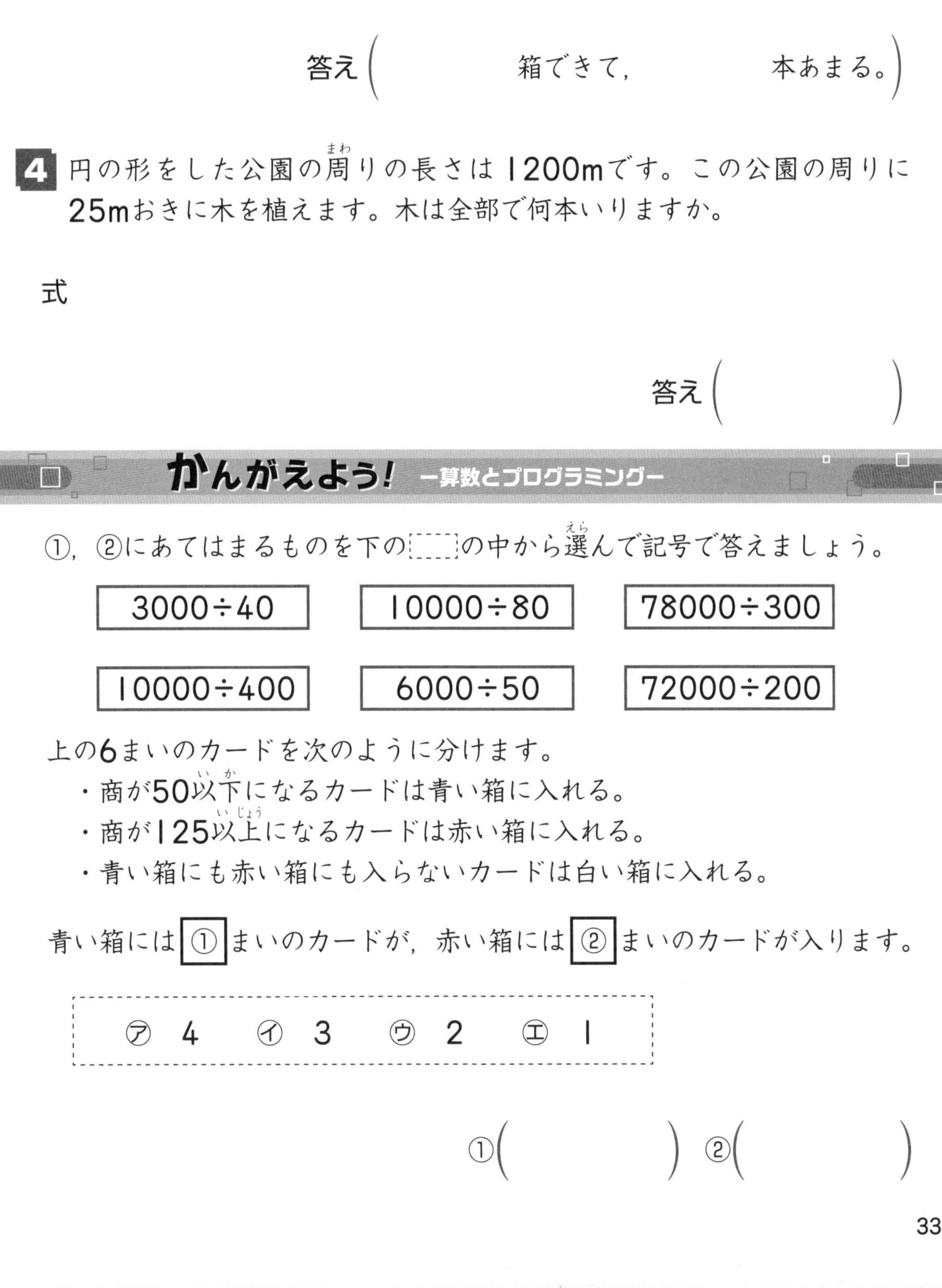

4 円の形をした公園の周りの長さは1200mです。この公園の周りに25mおきに木を植えます。木は全部で何本いりますか。

式

答え（　　　）

かんがえよう！ ー算数とプログラミングー

①，②にあてはまるものを下の［　］の中から選んで記号で答えましょう。

3000÷40	10000÷80	78000÷300
10000÷400	6000÷50	72000÷200

上の6まいのカードを次のように分けます。

・商が50以下になるカードは青い箱に入れる。
・商が125以上になるカードは赤い箱に入れる。
・青い箱にも赤い箱にも入らないカードは白い箱に入れる。

青い箱には［①］まいのカードが，赤い箱には［②］まいのカードが入ります。

㋐ 4　㋑ 3　㋒ 2　㋓ 1

①（　　　）②（　　　）

16 －プログラミングの考え方を学ぶ－ 形を分けよう！

学習した日　月　日

答えは 別さつ 12 ページ

1 下のような６つの四角形があります。

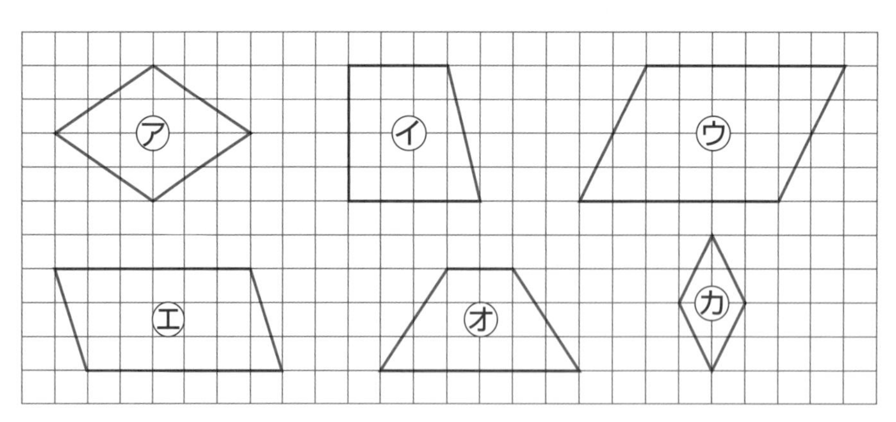

これを次のように分けていきます。

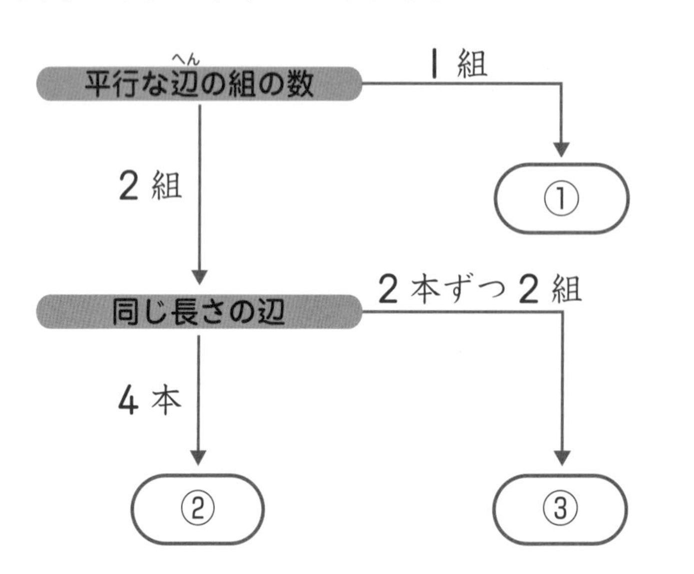

四角形の特ちょうを思い出そう。

①～③にあてはまる形を記号ですべて答えましょう。

①（　　　　　　　　）

②（　　　　　　　　）

③（　　　　　　　　）

2 下のような平行な2組の辺がある8つの四角形があります。

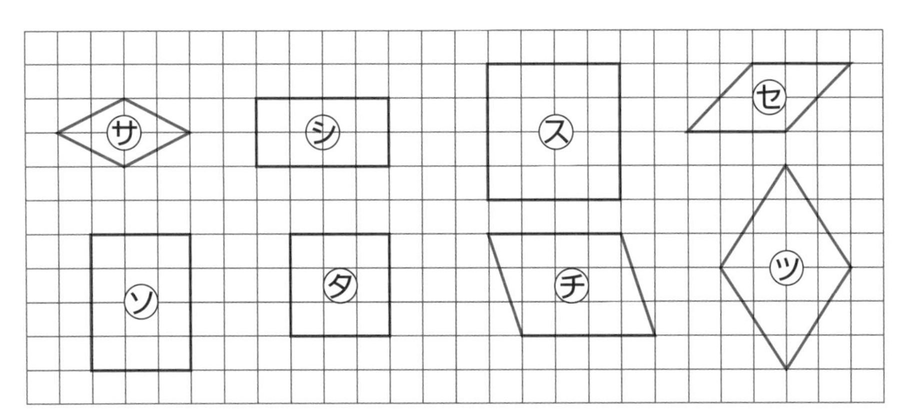

これを次のように分けていきます。

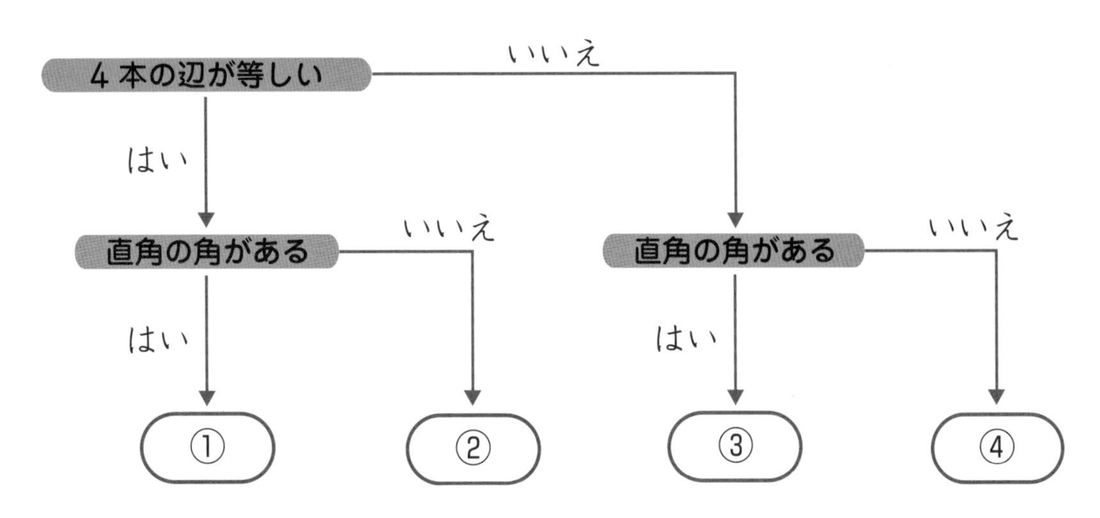

①～④にあてはまる形を記号ですべて答えましょう。

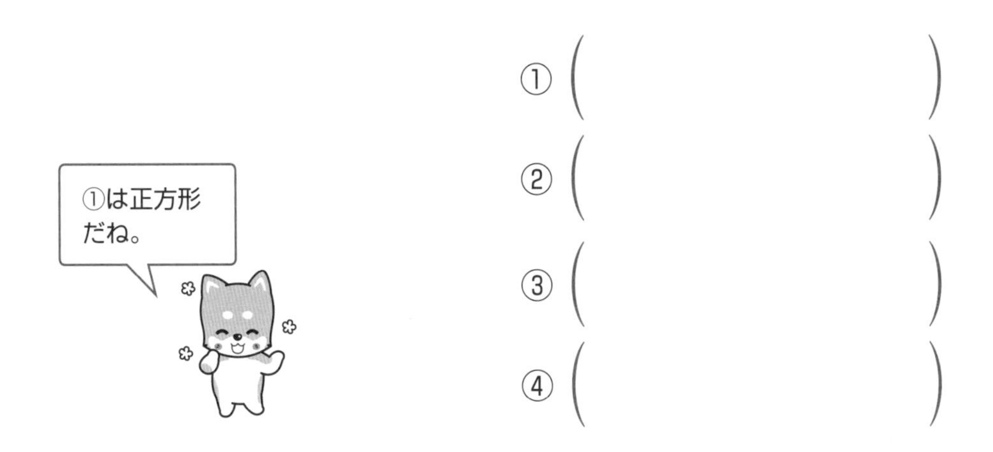

17 小数

学習した日　　月　　日

答えは 別さつ 12 ページ

1 次の問題に答えましょう。

① 1 を 4 こ，0.1 を 7 こ，0.01 を 6 こ，0.001 を 9 こあわせた数を答えましょう。

(　　　　)

② 0.1 を 5 こ，0.001 を 2 こあわせた数を答えましょう。

(　　　　)

③ 0.001 を 830 こ集めた数を答えましょう。

(　　　　)

2 5.174 について答えましょう。

① 0.001 を何こ集めた数ですか。　(　　　　)

② $\frac{1}{100}$ の位（くらい）の数字は何ですか。　(　　　　)

③ 4 は何の位の数字ですか。　(　　　　)

3 下の数直線で，①～④のめもりが表す数を小数で書きましょう。

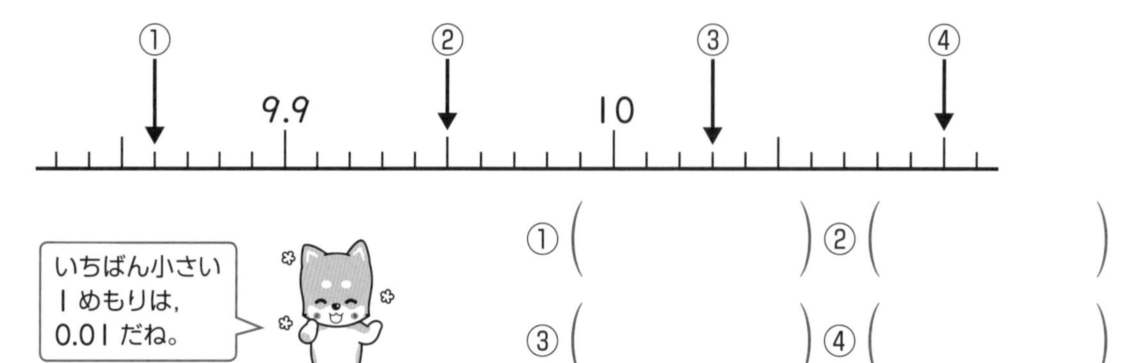

①(　　　　)　②(　　　　)

③(　　　　)　④(　　　　)

4 次の□にあてはまる数を書きましょう。

① 2kg458g=□kg　② 60g=□kg

③ 30m79cm=□m　④ 5cm=□m

5 次の数を求(もと)めましょう。

① 0.02 の 10 倍

(　　　)

② 9.07 の 100 倍

(　　　)

③ 16.5 の $\frac{1}{10}$

(　　　)

④ 4.8 の $\frac{1}{100}$

(　　　)

かんがえよう! —算数とプログラミング—

①，②にあてはまるものを下の□の中から選(えら)んで記号で答えましょう。

0.46	0.406	4.006	4.6	0.004	0.046

・上のカードで，0.45より小さいものは，①まいです。

・上のカードで，4より大きいものは，②まいです。

㋐ 3　㋑ 2　㋒ 1　㋓ 0

①(　　　)　②(　　　)

18 小数のたし算・ひき算

学習した日

月　日

答えは別さつ13ページ

1 次の計算をしましょう。

①
```
  6.38
+ 1.75
```

②
```
  0.76
+ 5.24
```

③
```
  0.759
+ 9.468
```

④
```
   6.731
+ 48.9
```

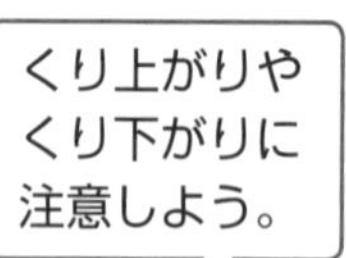

⑤
```
  8.21
- 2.97
```

⑥
```
  26.4
-  7.92
```

⑦
```
  5.02
- 4.6
```

⑧
```
  3
- 1.904
```

2 次の計算を筆算でしましょう。

① 5.81+2.59

② 16.2+3.806

③ 3.26−1.87

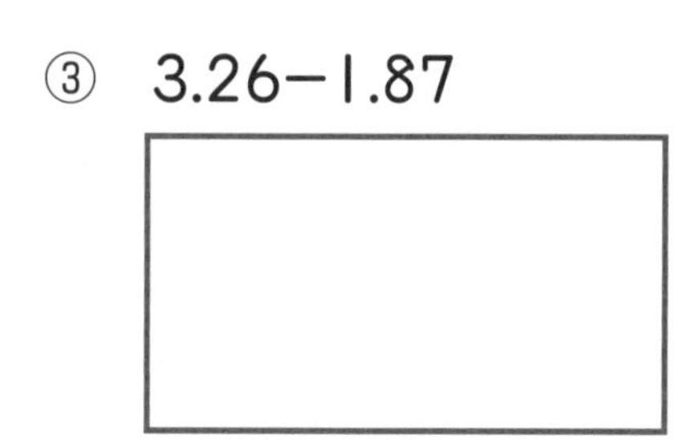

④ 5−0.473

3 赤いリボンは 2.6mで，青いリボンは 1.95mです。

① 2本のリボンをあわせると何mありますか。

式

答え（　　　　　）

② 2本のリボンの長さのちがいは何mですか。

式

答え（　　　　　）

①，②にあてはまるものを下の［　］の中から選(えら)んで記号で答えましょう。

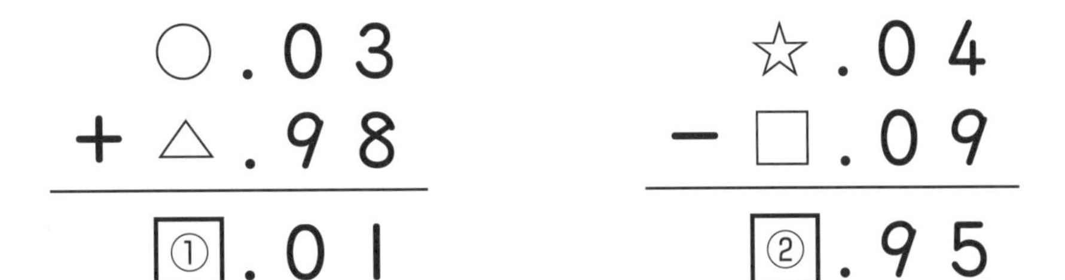

㋐ ○＋△　　㋑ ☆－□

㋒ 1＋○＋△　　㋓ ☆－1－□

①（　　　　　）②（　　　　　）

19 面積(1)

学習した日　月　日

答えは 別さつ 14 ページ

1 次の長方形や正方形の面積(めんせき)を求(もと)めましょう。

①

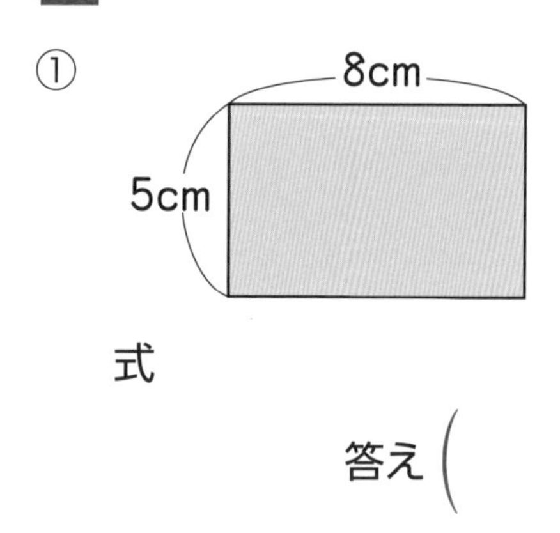

式

答え（　　　）

②

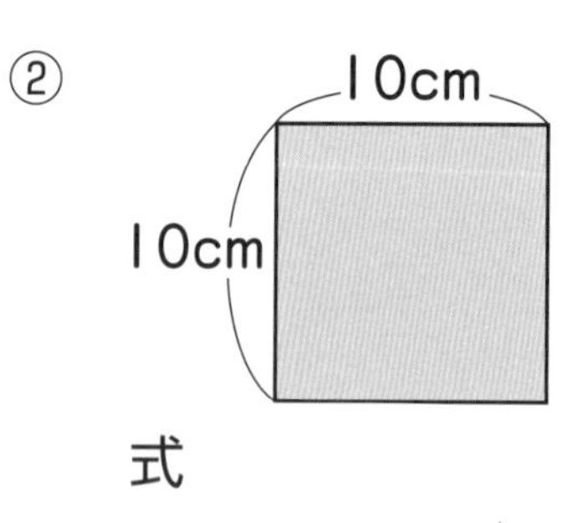

式

答え（　　　）

2 次の長方形や正方形の面積を求めましょう。

① たて 12cm, 横 7cmの長方形

式

答え（　　　）

② 1 辺(へん)が 13cmの正方形

式

答え（　　　）

3 次の長方形や正方形の面積を求めましょう。

① たて 9m, 横 15mの長方形

式

答え（　　　）

② 1 辺が 12kmの正方形

式

答え（　　　）

4 次の長方形のたてや横の長さを求めましょう。

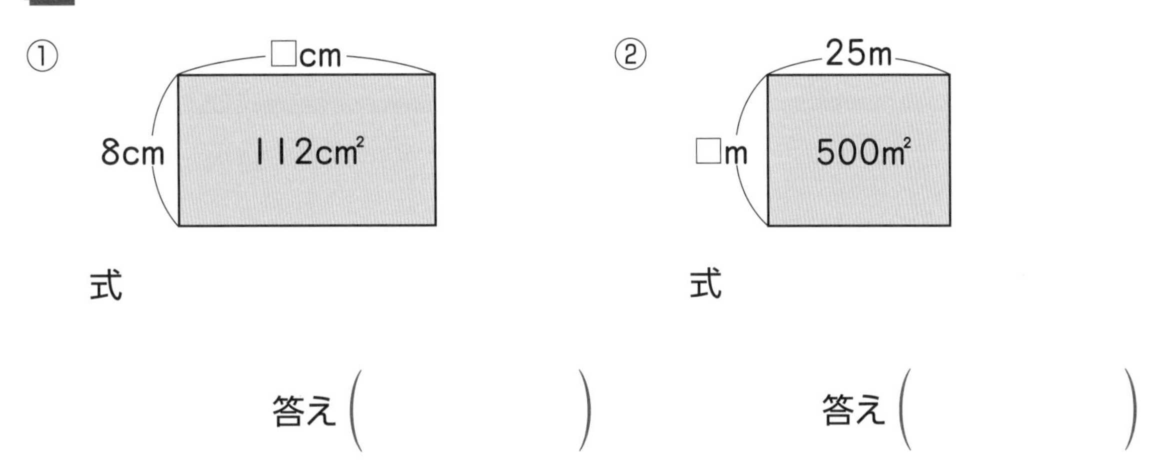

式

答え（　　　　）

式

答え（　　　　）

5 下の長方形と同じ面積の正方形の１辺の長さは何kmですか。

（　　　　）

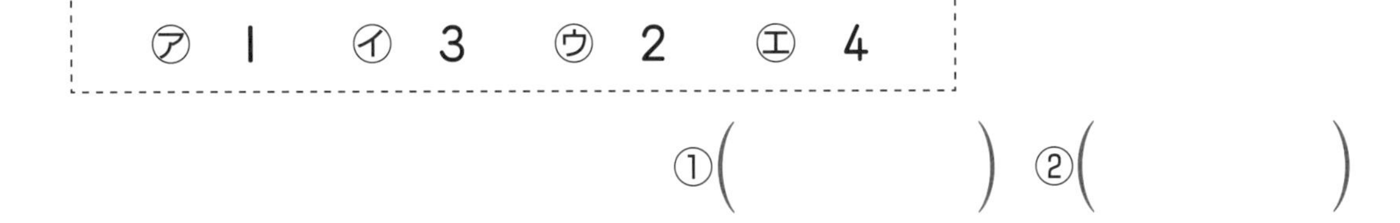

かんがえよう！ ―算数とプログラミング―

①，②にあてはまるものを下の［　］の中から選んで記号で答えましょう。

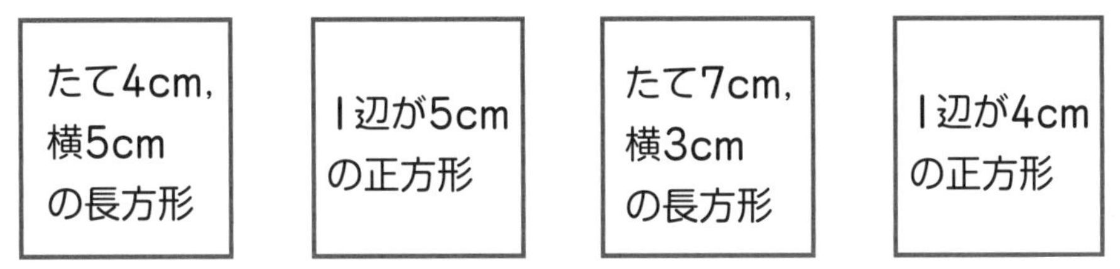

上の4まいのカードに書かれている四角形の面積を求めて，次のように分けます。

- 面積が20cm²以上の四角形が書かれているカードは白い箱に入れる。
- 面積が20cm²未満の四角形が書かれているカードは青い箱に入れる。

白い箱には ① まいのカードが，青い箱には ② まいのカードが入ります。

㋐ 1　㋑ 3　㋒ 2　㋓ 4

①（　　　　）②（　　　　）

20 面積(2)

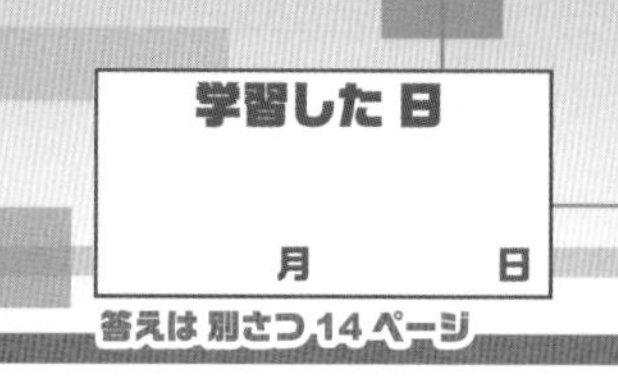

答えは 別さつ 14 ページ

1 次の図形の面積は何cm^2ですか。

①

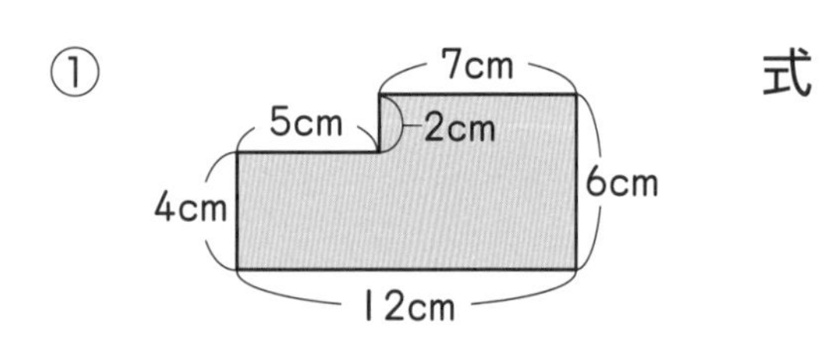

式

答え（　　　　　）

②

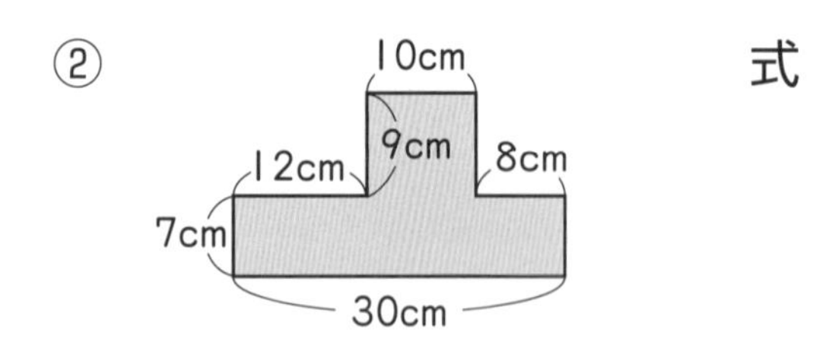

式

答え（　　　　　）

③

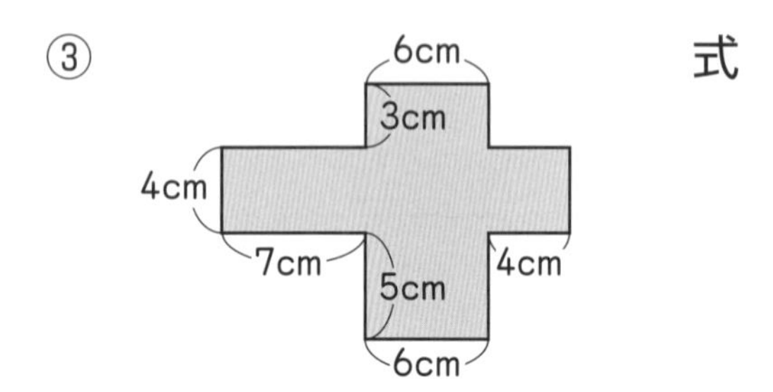

式

答え（　　　　　）

2 次の図形の色のついた部分の面積は何cm^2ですか。

①

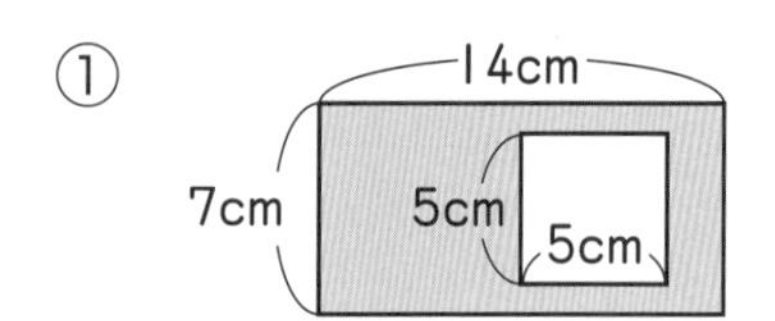

式

答え（　　　　　）

②

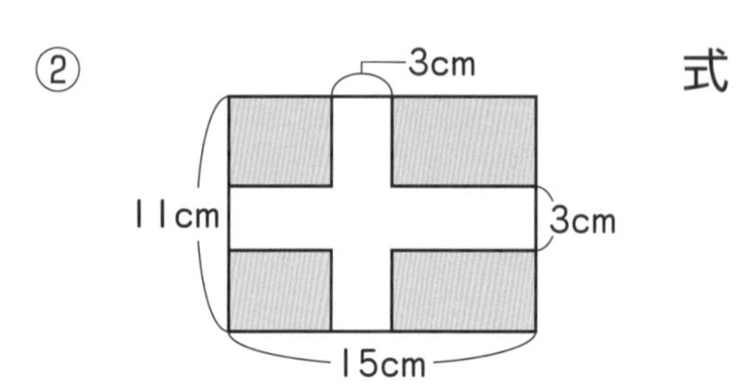

式

答え（　　　　　）

3 次の□にあてはまる数を書きましょう。

① $2m^2$= □ cm^2　② 7a= □ m^2

③ $500000m^2$= □ ha

④ $43km^2$= □ m^2

1辺(へん)が10mの正方形の面積が1aだよ。

4 次の問題に答えましょう。

① たて200m，横90mの長方形の面積は何aですか。
式

答え（　　　）

② たて80cm，横750cmの長方形の面積は何m^2ですか。
式

答え（　　　）

かんがえよう！ ―算数とプログラミング―

①，②にあてはまるものを下の□の中から選(えら)んで記号で答えましょう。

500a	60ha	$40000m^2$
$0.03km^2$	$800000m^2$	700ha

・上のカードで，$100000m^2$よりせまいものは，①まいです。

・上のカードで，$1km^2$より広いものは，②まいです。

㋐ 0　㋑ 1　㋒ 2　㋓ 3

①（　　　）②（　　　）

21

ープログラミングの考え方を学ぶー

どんな計算になるかな？

学習した日　月　日

答えは別さつ15ページ

○ □ △ ☆ のカードに，次の数を書きます。

○←18　□←6　△←12　☆←4

(例)次の計算をしましょう。

① ○×☆

○に18，☆に4を入れると，18×4=72

(答え)　72

カードに数をあてはめよう。

② △+☆×□

△に12，☆に4，□に6を入れると，12+4×6=12+24=36

(答え)　36

1 上のカードを使って次の計算をしましょう。

① ○+△×□

(　　　　)

② □×○÷☆

(　　　　)

③ (☆+□)×○

(　　　　)

2 ○ □ △ ☆ のカードに，次の数を書きます。

○←9　□←15　△←60　☆←180

上のカードを使って次の計算をしましょう。

① ○×☆

どのカードにどの数が入るかをまちがえないようにしよう。

(　　　　)

② △÷□

(　　　　)

③ □＋☆÷△

(　　　　)

④ ☆－○×□

(　　　　)

⑤ (△－□)÷○

(　　　　)

22 小数のかけ算(1)

学習した日　月　日

答えは 別さつ 16 ページ

1 次の計算をしましょう。

① 0.3×9　② 0.7×8

③ 1.4×2　④ 0.6×5

2 次の計算をしましょう。

① 2.4 × 3

② 1.6 × 5

③ 3.8 × 9

④ 7.5 × 8

⑤ 16.3 × 6

⑥ 18.5 × 4

⑦ 68.3 × 7

⑧ 71.2 × 5

積（せき）に小数点をうつのをわすれないようにしよう。

3 次の計算を筆算でしましょう。

① 4.5×6

② 22.5×8

4 8.7mのロープが3本あります。ロープは全部で何mですか。

式

答え（　　　　　）

5 水が41.5L入っている水そうが6こあります。水は全部で何Lありますか。

式

答え（　　　　　）

かんがえよう！ ー算数とプログラミングー

①，②にあてはまるものを下の㋐～㋓の中から選んで記号で答えましょう。

3.2×4を筆算でします。

積の小数点がつくのは，①のところです。

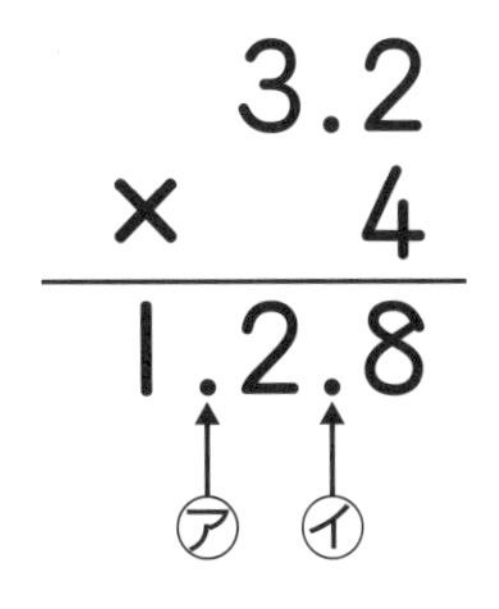

16.7×5を筆算でします。

積の小数点がつくのは，②のところです。

16.7
× 5
8.3.5
㋒ ㋓

①（　　　　　） ②（　　　　　）

23 小数のかけ算(2)

学習した日　　月　　日

答えは 別さつ 16 ページ

1 次の計算をしましょう。

① $\begin{array}{r} 1.8 \\ \times\ 39 \\ \hline \end{array}$

② $\begin{array}{r} 8.5 \\ \times\ 46 \\ \hline \end{array}$

③ $\begin{array}{r} 0.3 \\ \times\ 27 \\ \hline \end{array}$

④ $\begin{array}{r} 65.2 \\ \times\ \ 94 \\ \hline \end{array}$

⑤ $\begin{array}{r} 3.18 \\ \times\ \ \ 3 \\ \hline \end{array}$

⑥ $\begin{array}{r} 8.04 \\ \times\ \ \ 5 \\ \hline \end{array}$

⑦ $\begin{array}{r} 0.19 \\ \times\ \ \ 4 \\ \hline \end{array}$

⑧ $\begin{array}{r} 1.72 \\ \times\ \ 58 \\ \hline \end{array}$

積(せき)に小数点をうつときに，うつところをまちがえないようにしよう。

2 次の計算を筆算でしましょう。

① 0.8×75

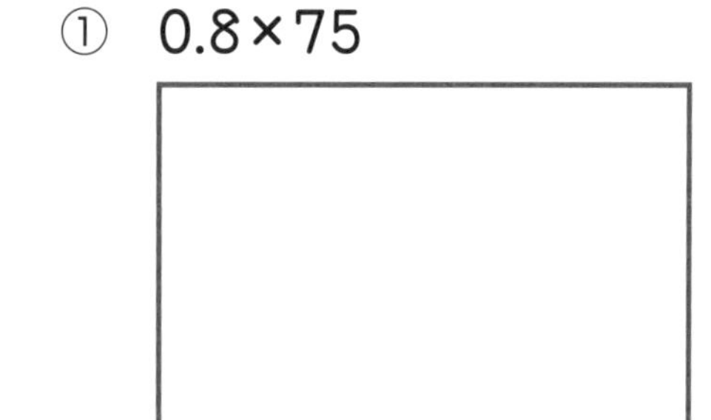

② 5.63×87

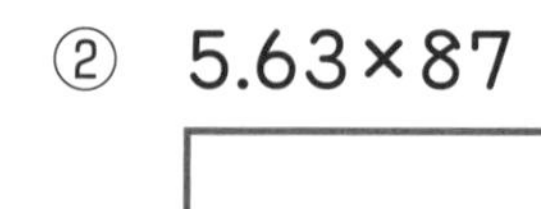

3 21.9mのリボンが43本あります。リボンは全部で何mありますか。

式

答え（　　　　）

4 小さい荷物は0.85kgです。大きい荷物は，小さい荷物の24倍の重さです。大きい荷物は何kgですか。

式

答え（　　　　）

かんがえよう！ ー算数とプログラミングー

①，②にあてはまるものを下の┆　┆の中から選(えら)んで記号で答えましょう。

0.18×6	1.5×4	0.4×2	2.5×7
0.18×5	0.09×12	0.32×3	2.25×8

・上のカードで，積が整数になるものは，①まいです。

・上のカードで，積が1未満(みまん)になるものは，②まいです。

㋐ 4　㋑ 3　㋒ 2　㋓ 1

①（　　　　）②（　　　　）

24 小数のわり算(1)

答えは別さつ17ページ

1 次の計算をしましょう。

① 2.4÷6　　② 0.6÷2

③ 3.6÷3　　④ 8.4÷4

2 次の計算をしましょう。

① 2)8.6　　② 7)9.8　　③ 8)55.2

④ 6)90.6　　⑤ 9)7.2　　⑥ 28)89.6

⑦ 57)91.2　　⑧ 83)58.1

3 水が79.5Lあります。これを5等分すると，1つ分は何Lになりますか。

式

答え（　　　　）

4 長いロープは84.6m，短いロープは47mです。長いロープの長さは短いロープの長さの何倍ですか。

式

答え（　　　　）

かんがえよう！ ―算数とプログラミング―

①，②にあてはまるものを下の［　］の中から選(えら)んで記号で答えましょう。

0.6÷3	4.6÷2	4.8÷4	7.2÷9

上の4まいのカードを次のように分けます。

- 商が2以上(いじょう)になるカードは青い箱に入れる。
- 商が1未満(みまん)になるカードは赤い箱に入れる。
- 青い箱にも赤い箱にも入らないカードは白い箱に入れる。

青い箱には［①］まいのカードが，赤い箱には［②］まいのカードが入ります。

㋐ 1　㋑ 2　㋒ 3　㋓ 4

①（　　　　）②（　　　　）

25 小数のわり算(2)

答えは 別さつ 18 ページ

1 次の計算をしましょう。

① $4\overline{)\,8.64}$

② $7\overline{)\,9.66}$

③ $8\overline{)\,4.96}$

④ $9\overline{)\,6.75}$

⑤ $5\overline{)\,0.25}$

⑥ $6\overline{)\,0.102}$

⑦ $28\overline{)\,8.68}$

⑧ $73\overline{)\,5.84}$

2 大きいバケツに入っている水の量は 9.87Lで，これは小さいバケツに入っている水の量の 3 倍です。小さいバケツには水が何L入っていますか。

式

答え（　　　　）

3 ある機械の部品の重さは 42 こで 7.56kgです。この部品 1 この重さは何kgですか。

式

答え（　　　　）

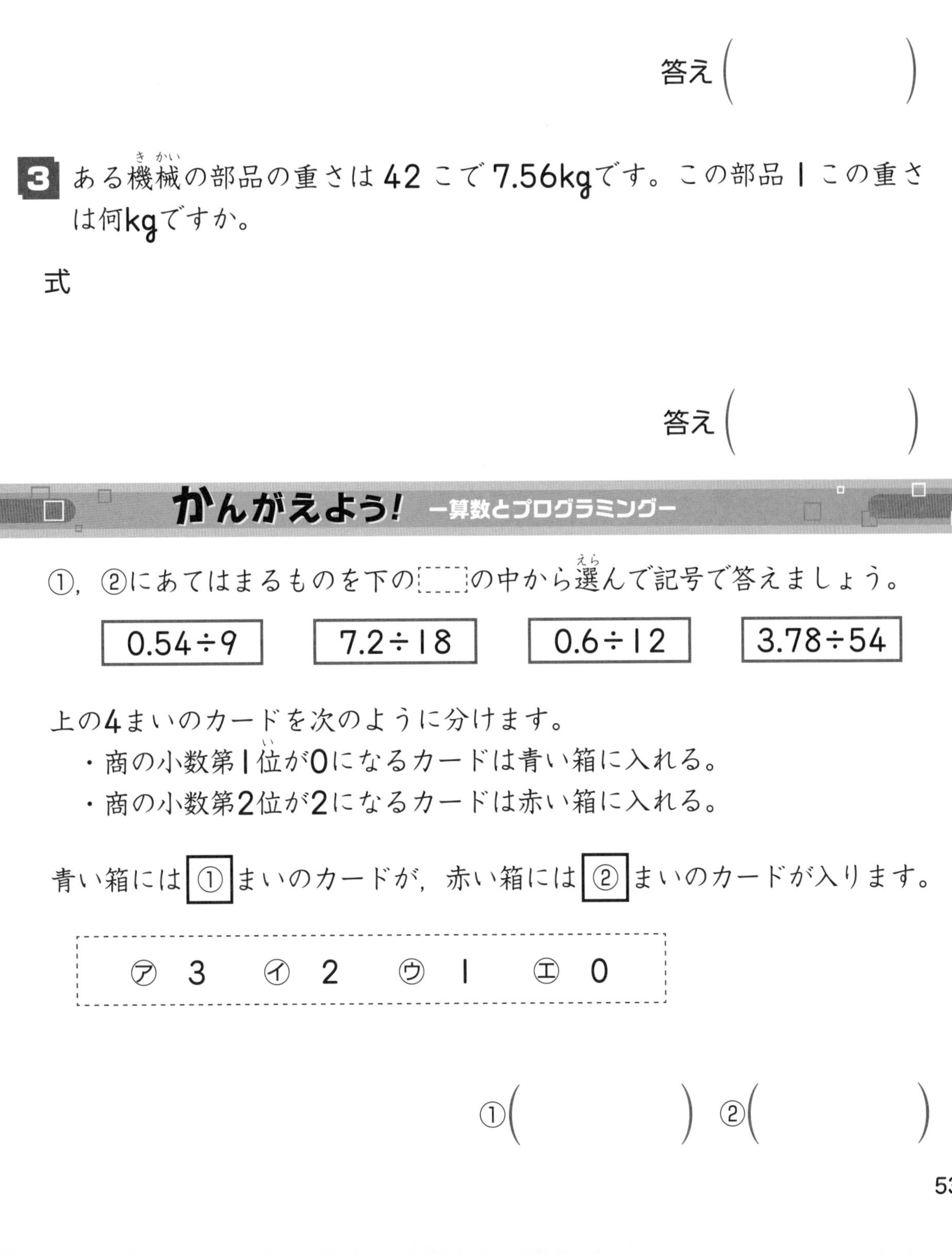

かんがえよう！ ー算数とプログラミングー

①，②にあてはまるものを下の┆　┆の中から選んで記号で答えましょう。

0.54÷9	7.2÷18	0.6÷12	3.78÷54

上の4まいのカードを次のように分けます。
・商の小数第1位が0になるカードは青い箱に入れる。
・商の小数第2位が2になるカードは赤い箱に入れる。

青い箱には ① まいのカードが，赤い箱には ② まいのカードが入ります。

㋐ 3　㋑ 2　㋒ 1　㋓ 0

①（　　　　）　②（　　　　）

26 小数のわり算(3)

答えは 別さつ 18 ページ

1 商は一の位(くらい)まで求(もと)めて，あまりもだしましょう。

① $4 \overline{)94.1}$

② $13 \overline{)82.9}$

2 わりきれるまで計算しましょう。

① $5 \overline{)3.9}$

② $64 \overline{)20.8}$

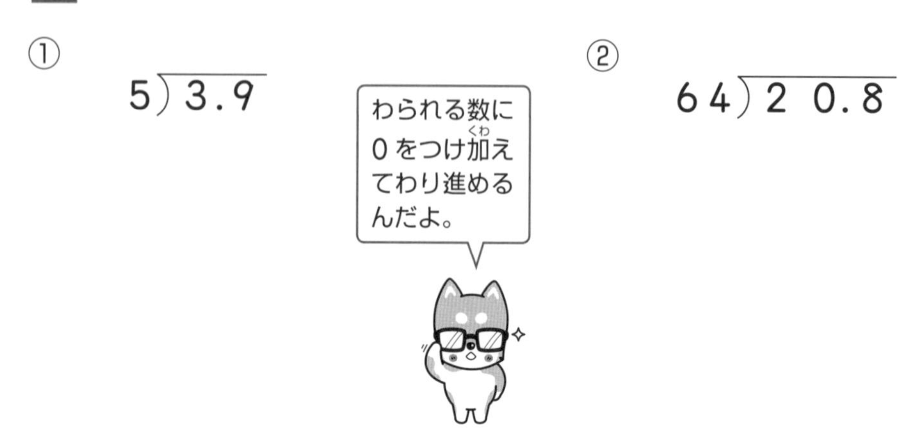

3 商は四捨五入(ししゃごにゅう)して，上から 2 けたのがい数で求めましょう。

① $7 \overline{)96.2}$

② $32 \overline{)49.3}$

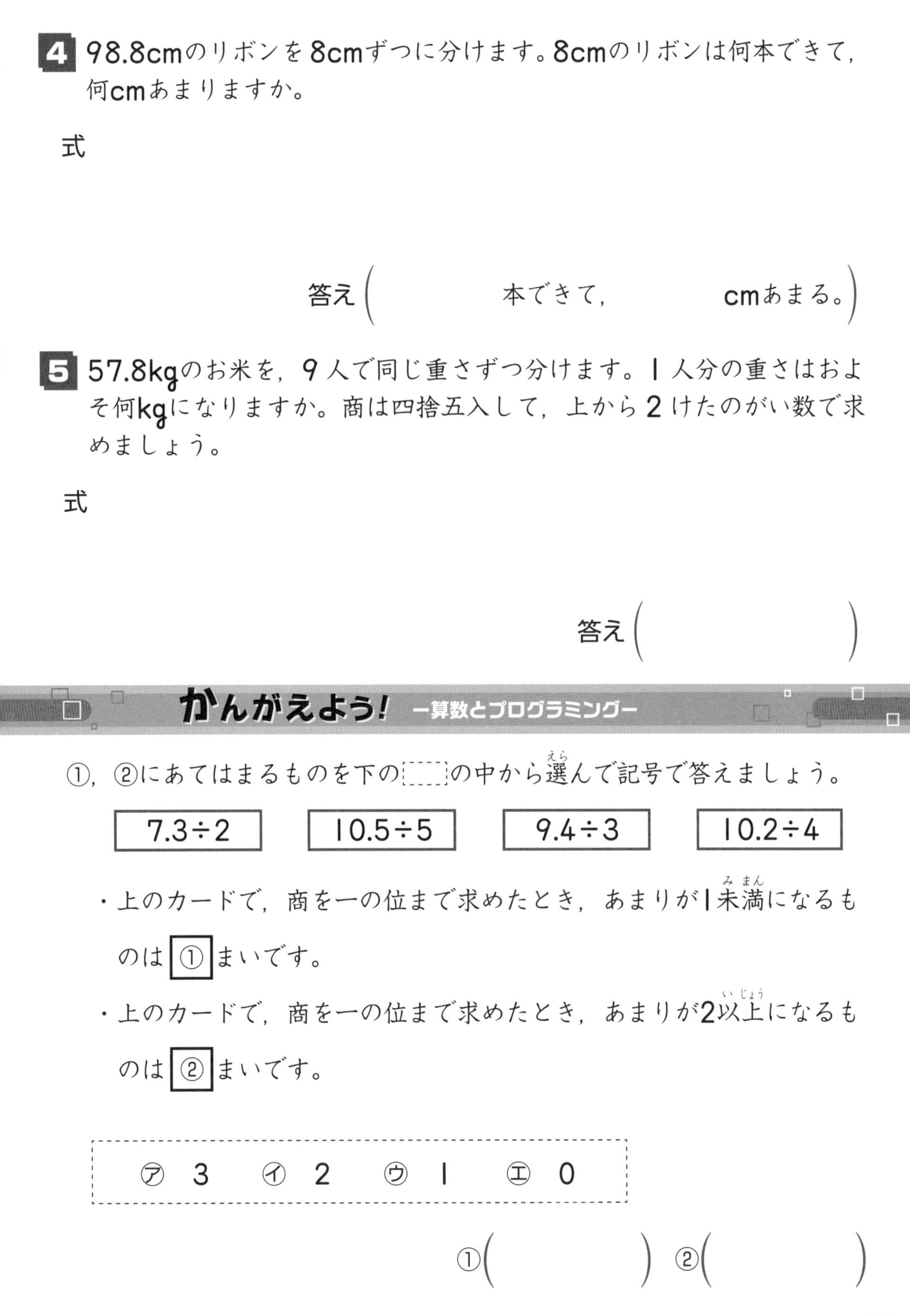

4 98.8cmのリボンを8cmずつに分けます。8cmのリボンは何本できて，何cmあまりますか。

式

答え（　　　　　本できて，　　　　　cmあまる。）

5 57.8kgのお米を，9人で同じ重さずつ分けます。1人分の重さはおよそ何kgになりますか。商は四捨五入して，上から2けたのがい数で求めましょう。

式

答え（　　　　　）

かんがえよう！ ー算数とプログラミングー

①，②にあてはまるものを下の［　　］の中から選（えら）んで記号で答えましょう。

7.3÷2	10.5÷5	9.4÷3	10.2÷4

・上のカードで，商を一の位まで求めたとき，あまりが1未満（みまん）になるものは［①］まいです。

・上のカードで，商を一の位まで求めたとき，あまりが2以上（いじょう）になるものは［②］まいです。

㋐ 3　㋑ 2　㋒ 1　㋓ 0

①（　　　　　）　②（　　　　　）

27 －プログラミングの考え方を学ぶ－ 小数をつくろう！

答えは 別さつ 19 ページ

下のようなますに数を入れて小数をつくります。

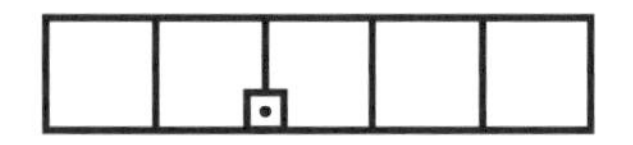

(例)次のように数を入れると，どんな小数ができますか。

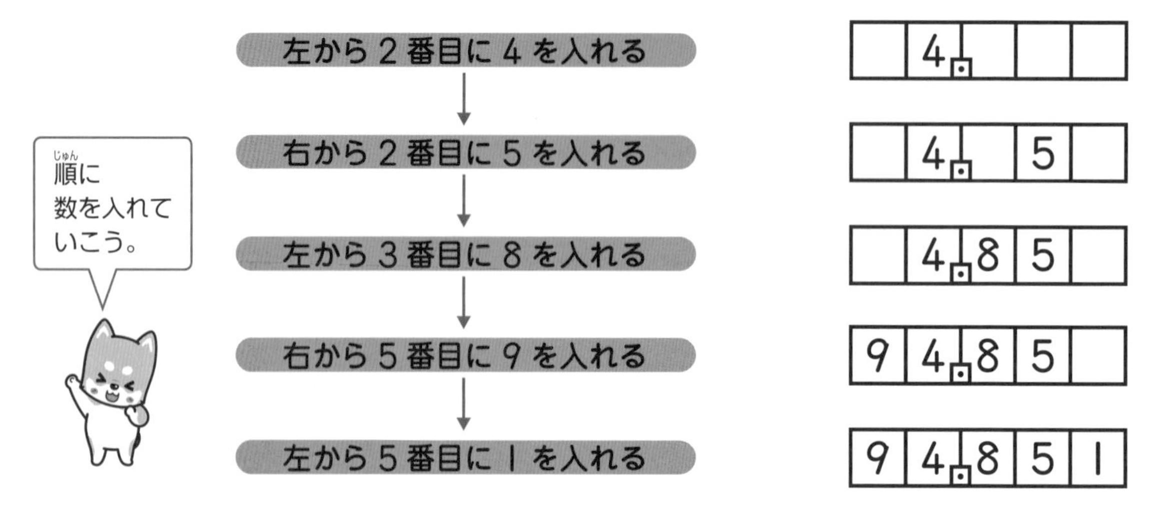

(答え) 94.851

1 次のように数を入れると，どんな小数ができますか。

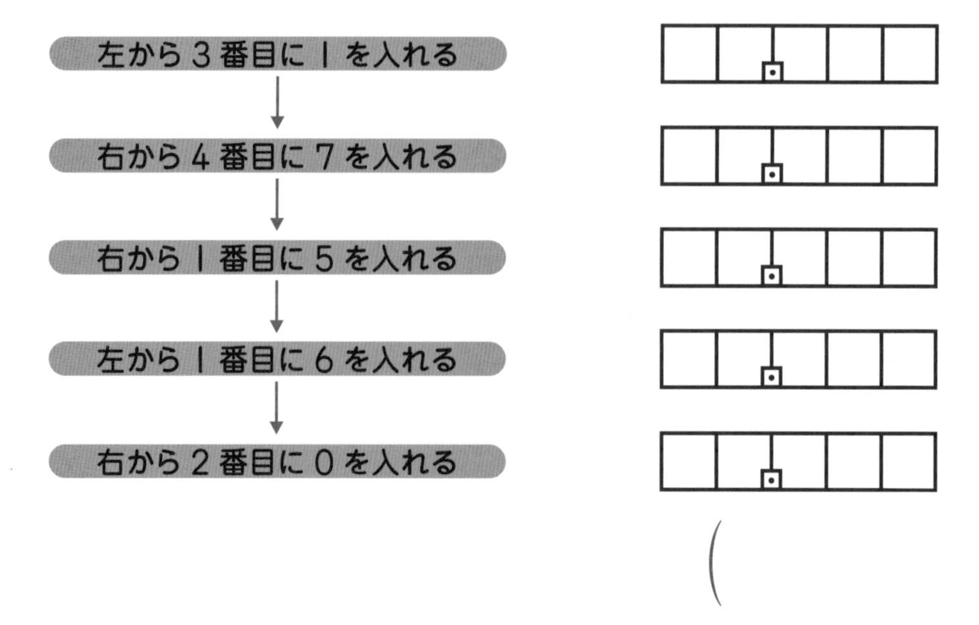

(　　　　　　)

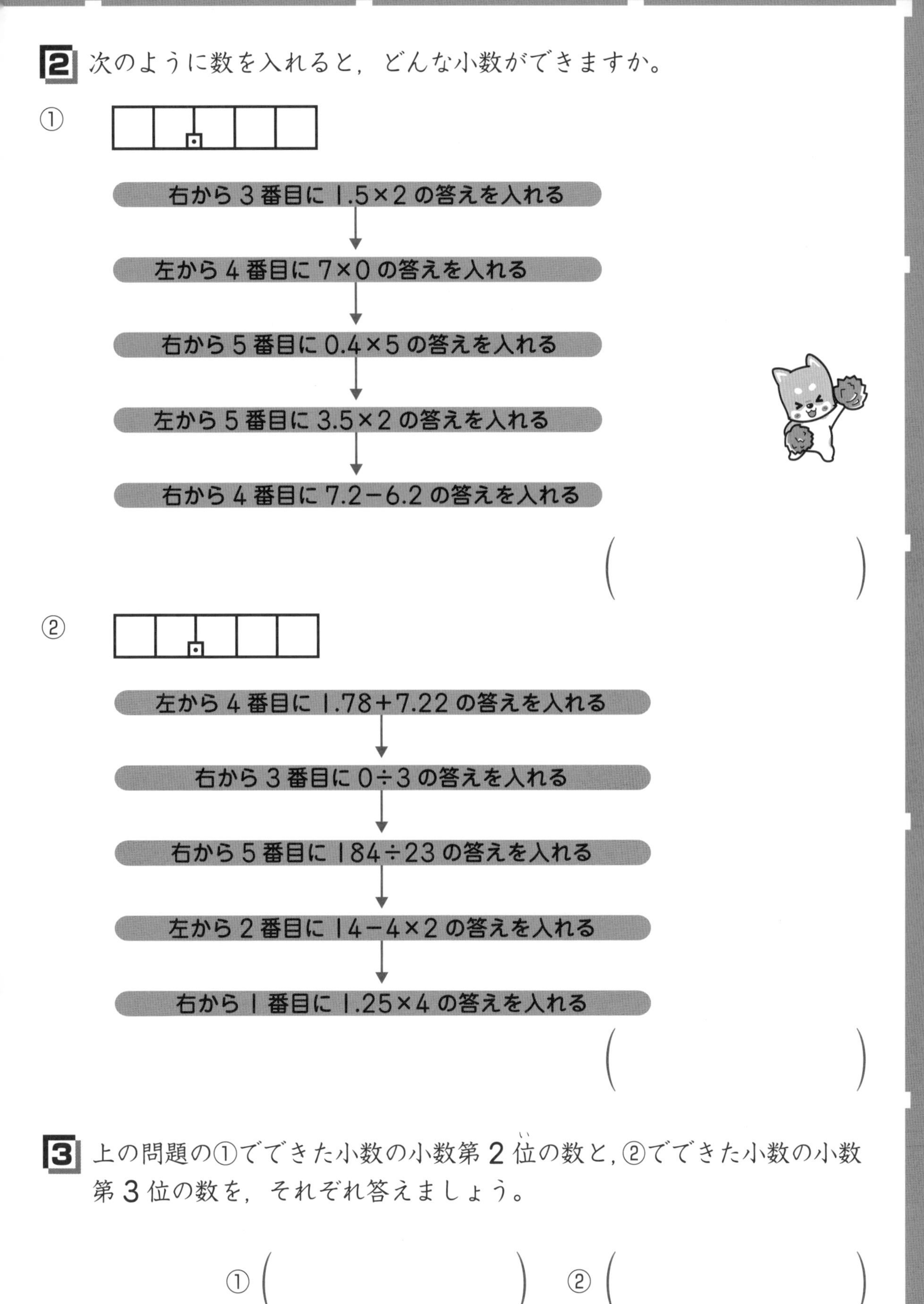

2 次のように数を入れると，どんな小数ができますか。

①

右から 3 番目に 1.5×2 の答えを入れる
↓
左から 4 番目に 7×0 の答えを入れる
↓
右から 5 番目に 0.4×5 の答えを入れる
↓
左から 5 番目に 3.5×2 の答えを入れる
↓
右から 4 番目に 7.2−6.2 の答えを入れる

（　　　　　　）

②

左から 4 番目に 1.78+7.22 の答えを入れる
↓
右から 3 番目に 0÷3 の答えを入れる
↓
右から 5 番目に 184÷23 の答えを入れる
↓
左から 2 番目に 14−4×2 の答えを入れる
↓
右から 1 番目に 1.25×4 の答えを入れる

（　　　　　　）

3 上の問題の①でできた小数の小数第 2 位の数と，②でできた小数の小数第 3 位の数を，それぞれ答えましょう。

①（　　　　　　）　②（　　　　　　）

28 変わり方

学習した日　　月　　日

答えは 別さつ 20 ページ

1 18 このみかんを，まみさんと弟の 2 人で分けます。

① まみさんのみかんの数と，弟のみかんの数を，下の表にまとめます。表のあいているところにあてはまる数を書きましょう。

まみ(こ)	1	2	3	4	5	6	7	
弟(こ)								

② まみさんのみかんの数を□こ，弟のみかんの数を△ことして，□と△の関係（かんけい）を式に表しましょう。

（　　　　　　）

③ まみさんのみかんの数が 10 このとき，弟のみかんの数は何こですか。

式

答え（　　　　）

2 下の表は，まわりの長さが 30cmの長方形のたての長さと横の長さの関係を調べたものです。

たて(cm)	1	2	3	4	
横(cm)	14	13	12	11	

たての長さと横の長さをたすと，15cmになるね。

① たての長さを□cm，横の長さを△cmとして，□と△の関係を式に表しましょう。

（　　　　　　）

② たての長さが 9cmのとき，横の長さは何cmですか。

式

答え（　　　　）

3 1本80円のジュースを買います。

① ジュースの本数と代金の関係を下の表にまとめましょう。

ジュース(本)	1	2	3	4	5	
代金(円)						

② ジュースの本数を□本，代金を△円として，□と△の関係を式に表しましょう。

(　　　　　　)

③ 代金が560円のとき，ジュースを何本買いましたか。

式

答え(　　　　　)

かんがえよう! —算数とプログラミング—

①，②にあてはまるものを下の┆　┆の中から選(えら)んで記号で答えましょう。

「1こ50円のおかしを買います。おかしのこ数を□こ，代金を△円とすると，50÷□=△となります。」

上の文章の下線部分はまちがっています。

まちがいを説明(せつめい)している文章は，①です。

正しい式は，②です。

㋐ おかし1このねだんと買ったこ数をたしていない。
㋑ おかし1このねだんに買ったこ数をかけていない。
㋒ 50+□=△
㋓ 50×□=△

①(　　　　) ②(　　　　)

29 割合

学習した日　　月　　日

答えは 別さつ 20 ページ

1 赤いリボンの長さは 20cm，青いリボンの長さは 40cm，白いリボンの長さは 60cmです。

割合は，
くらべられる量÷もとにする量
で求められるね。

① 赤いリボンの長さをもとにしたときの青いリボンの長さの割合を求めましょう。

式

答え（　　　）

② 赤いリボンの長さをもとにしたときの白いリボンの長さの割合を求めましょう。

式

答え（　　　）

2 次の問題に答えましょう。

① プリンのねだんは 120 円で，ケーキのねだんはプリンの 2 倍です。ケーキのねだんは何円ですか。

式

答え（　　　）

② 公園に大人が 15 人います。子どもは大人の 3 倍います。子どもの人数は何人ですか。

式

答え（　　　）

③ 小さい水そうに水が 24L入っています。大きい水そうには，小さい水そうの 4 倍の水が入っています。大きい水そうには，水が何L入っていますか。

式

答え（　　　）

3 次の問題に答えましょう。

① 長方形の形をした板があって，たての長さは 140cmです。これは横の長さの 2 倍にあたります。横の長さは何cmですか。

式

答え（　　　　　）

② お茶が 54 本あって，これはジュースの本数の 3 倍にあたります。ジュースは何本ありますか。

式

答え（　　　　　）

③ 畑A（エー）の面積（めんせき）は $100m^2$ で，これは畑B（ビー）の面積の 4 倍にあたります。畑Bの面積は何m^2ですか。

式

答え（　　　　　）

かんがえよう！ ー算数とプログラミングー

①，②にあてはまるものを下の［　］の中から選（えら）んで記号で答えましょう。

ある数□の○倍は△で，△の☆倍は◎です。
このとき，

△＝ ①

◎＝ ②

です。

㋐	□×○×☆	㋑	□÷○×☆
㋒	□×○	㋓	□÷○

①（　　　　　）　②（　　　　　）

30 分数

学習した日　月　日

答えは 別さつ 21 ページ

1 下の数直線で，①〜④のめもりが表す分数を，真分数(しんぶんすう)か帯分数(たいぶんすう)で書きましょう。

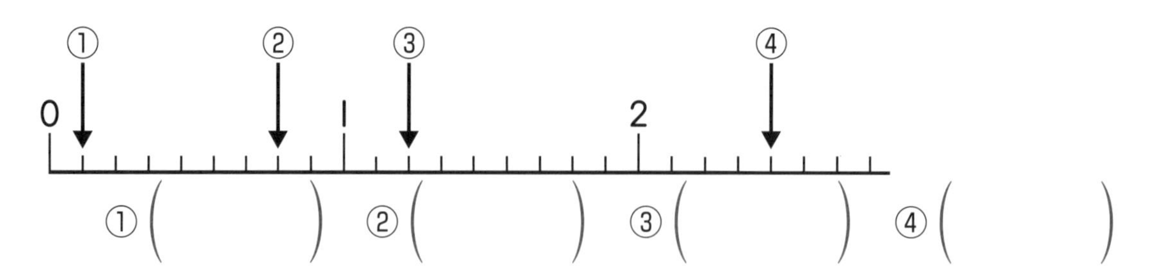

①（　　　）　②（　　　）　③（　　　）　④（　　　）

2 次の仮分数(かぶんすう)を，帯分数か整数になおしましょう。

① $\frac{3}{2}$（　　　）　② $\frac{11}{3}$（　　　）

③ $\frac{17}{6}$（　　　）　④ $\frac{42}{7}$（　　　）

3 次の帯分数を，仮分数になおしましょう。

① $1\frac{3}{4}$（　　　）　② $2\frac{3}{5}$（　　　）

③ $3\frac{1}{8}$（　　　）　④ $4\frac{7}{9}$（　　　）

4 $3\frac{7}{10}$について答えましょう。

① 3は$\frac{1}{10}$の何こ分ですか。（　　　）

② $3\frac{7}{10}$は$\frac{1}{10}$の何こ分ですか。（　　　）

③ $3\frac{7}{10}$を小数で表しましょう。（　　　）

5 次の□にあてはまる等号や不等号（ふとうごう）を書きましょう。

① $\frac{14}{3}$ □ $4\frac{1}{3}$　　② $3\frac{2}{7}$ □ $\frac{24}{7}$

③ $\frac{36}{9}$ □ 4　　④ $\frac{1}{2}$ □ $\frac{1}{3}$

⑤ $\frac{4}{8}$ □ $\frac{2}{4}$　　⑥ $\frac{7}{6}$ □ $\frac{7}{5}$

6 分母が 6 の分数で，1 より小さい分数を全部書きましょう。

（　　　　　　　　）

7 分母が 5 の分数で，1 より大きく，2 より小さい分数を仮分数で全部書きましょう。

（　　　　　　　　）

かんがえよう！ ─算数とプログラミング─

①，②にあてはまるものを下の□の中から選（えら）んで記号で答えましょう。

$2\frac{1}{7}$	$\frac{27}{7}$	$1\frac{6}{7}$	$1\frac{1}{7}$	2	$2\frac{2}{7}$

・上のカードで，$\frac{9}{7}$ より小さいものは，① まいです。

・上のカードで，$\frac{15}{7}$ より大きいものは，② まいです。

㋐ 1　㋑ 2

㋒ 3　㋓ 4

①（　　　　）②（　　　　）

31 分数のたし算・ひき算

学習した日　　月　　日

答えは別さつ 22 ページ

1 次の計算をしましょう。

① $\frac{2}{7}+\frac{3}{7}$

② $\frac{3}{8}+\frac{7}{8}$

③ $1\frac{3}{4}+\frac{2}{4}$

④ $2\frac{4}{6}+1\frac{3}{6}$

⑤ $\frac{5}{9}-\frac{1}{9}$

⑥ $\frac{7}{5}-\frac{3}{5}$

⑦ $1\frac{1}{3}-\frac{2}{3}$

⑧ $3\frac{6}{10}-1\frac{7}{10}$

2 次の計算をしましょう。

① $1\frac{1}{2}+\frac{1}{2}$

② $3\frac{2}{7}+4\frac{5}{7}$

③ $2-\frac{5}{6}$

④ $7-3\frac{5}{9}$

3 小さい水そうに水が $2\frac{4}{5}$L，大きい水そうに水が $5\frac{1}{5}$L入っています。

① 2つの水そうをあわせると水は何Lありますか。

式

答え（　　　　）

② 2つの水そうの水の量（りょう）のちがいは何Lですか。

式

答え（　　　　）

かんがえよう！ ー算数とプログラミングー

①，②にあてはまるものを下の［　］の中から選（えら）んで記号で答えましょう。

$$\frac{\triangle}{\bigcirc} + \frac{\square}{\bigcirc} = \frac{①}{\bigcirc} = 1\frac{3}{\bigcirc}$$

上の式で，△＋□は，○に ② をたした数です。

○が7，△が4
□が6なら，
$\frac{4}{7}+\frac{6}{7}=\frac{10}{7}=1\frac{3}{7}$
となるね。

㋐ 3	㋑ 1
㋒ △＋□	㋓ △－□

①（　　　　）　②（　　　　）

32 直方体と立方体(1)

学習した日　月　日

答えは 別さつ 22 ページ

1 右の立方体を見て答えましょう。

① 面の数はいくつですか。

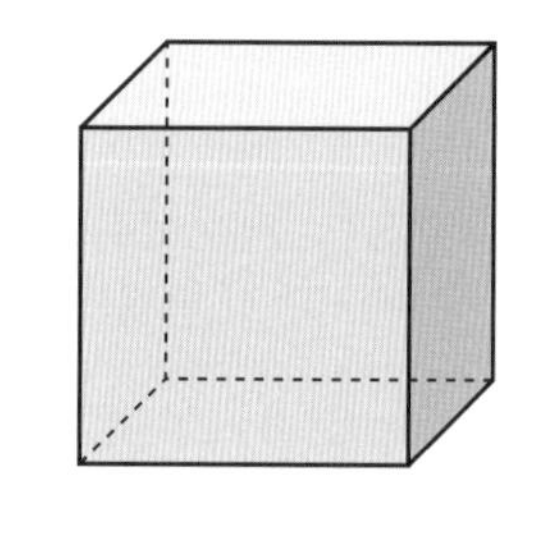

② 頂点(ちょうてん)の数はいくつですか。

③ 辺(へん)の数は何本ですか。

④ 1つの頂点に集まっている面の数はいくつですか。

2 右の直方体を見て答えましょう。

① 8cmの辺は何本ですか。

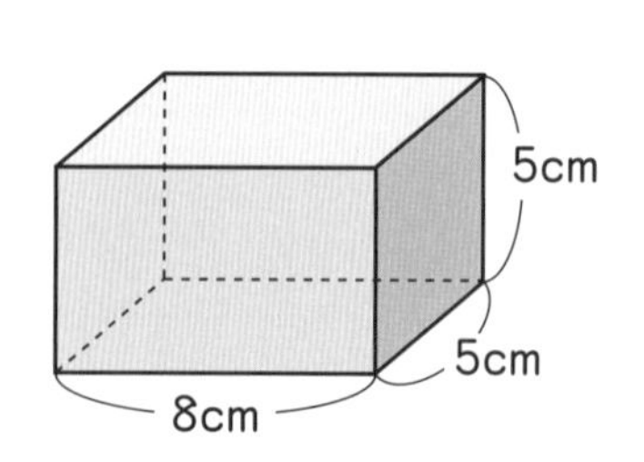

② 5cmの辺は何本ですか。

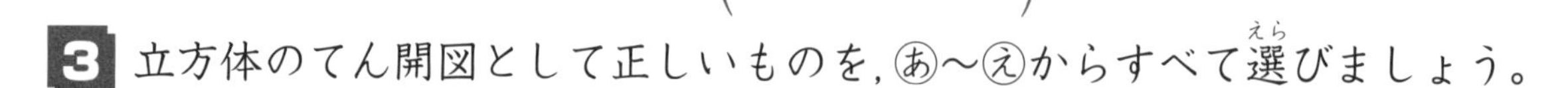

3 立方体のてん開図として正しいものを，Ⓐ～Ⓔからすべて選(えら)びましょう。

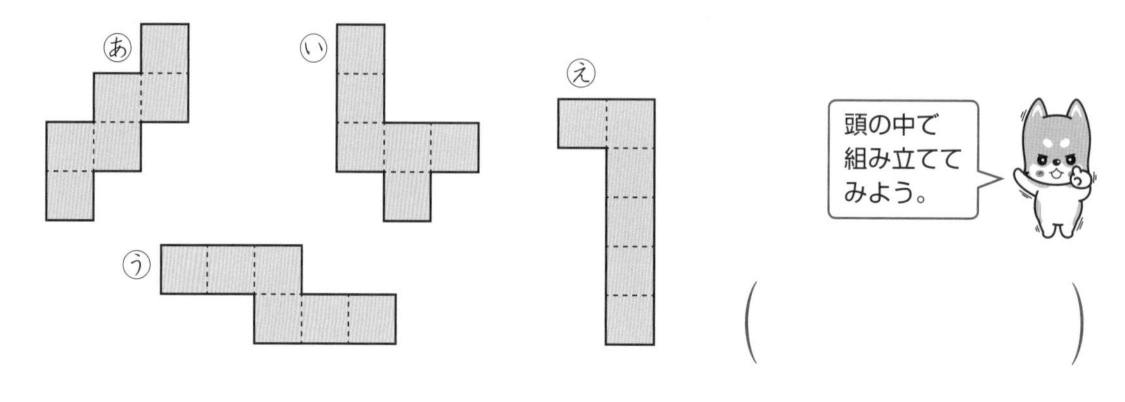

4 右のてん開図を組み立てると直方体になります。次の点や辺をすべて答えましょう。

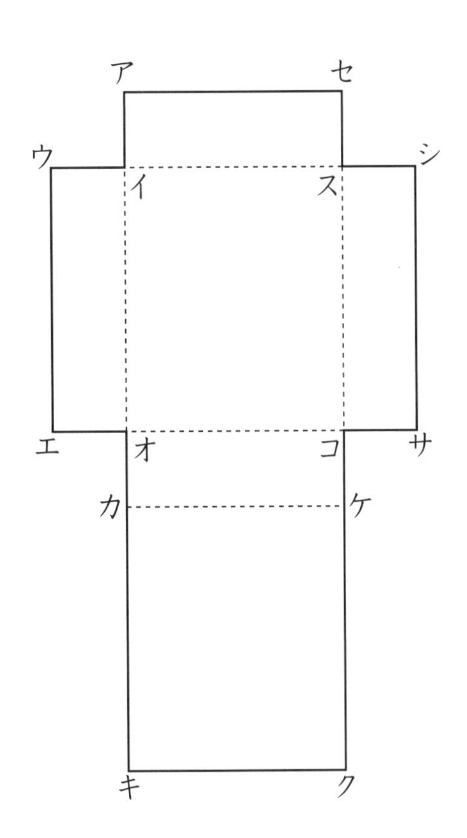

① 点エと重なる点

(　　　　　　)

② 点クと重なる点

(　　　　　　)

③ 辺スシと重なる辺

(　　　　　　)

④ 辺アセと重なる辺

(　　　　　　)

かんがえよう！ ―算数とプログラミング―

①，②にあてはまるものを下の［　］の中から選(えら)んで記号で答えましょう。

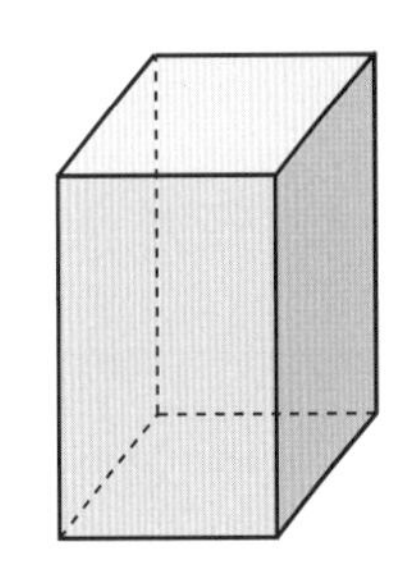

直方体について考えます。

直方体の頂点の数は ① ，面の数は6，
辺の数は12なので，

頂点の数 ＋ 面の数 － 辺の数 ＝ ②

です。
これは立方体でも成(な)り立ちます。

㋐ 12　㋑ 8　㋒ 6　㋓ 2

①(　　　　)　②(　　　　)

33 直方体と立方体(2)

学習した日　月　日

答えは別さつ23ページ

1 右の直方体を見て答えましょう。

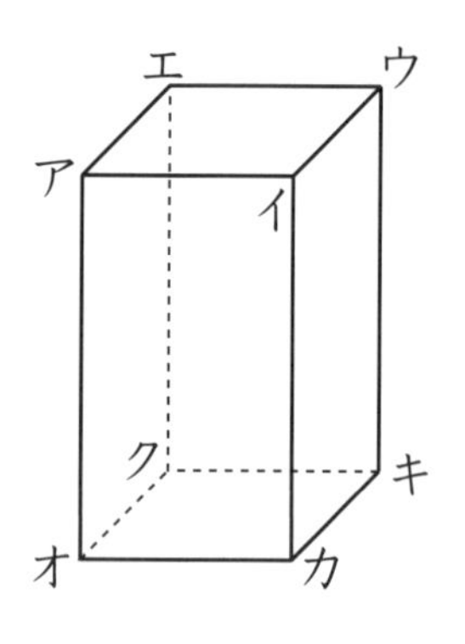

① 辺アオに平行な辺をすべて答えましょう。

(　　　　　　)

② 辺イウに平行な辺のうち，頂点クを通る辺を答えましょう。

(　　　　　　)

③ 辺アイに垂直な辺をすべて答えましょう。

(　　　　　　)

④ 辺エクに垂直な辺のうち，頂点キを通る辺を答えましょう。

(　　　　　　)

2 右の立方体を見て答えましょう。

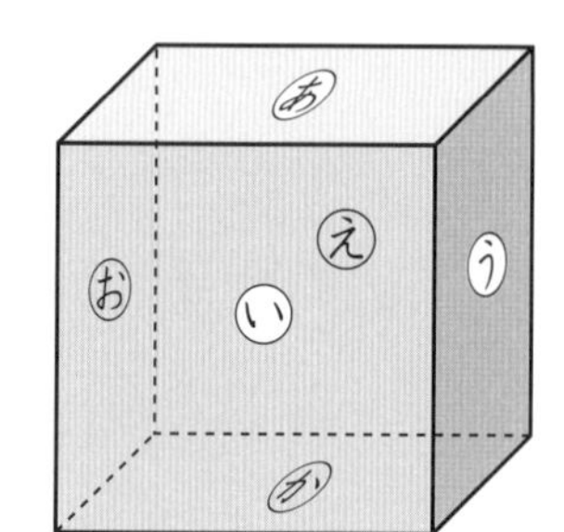

① 面㋐に平行な面を答えましょう。

(　　　　　　)

② 面㋒に平行な面を答えましょう。

(　　　　　　)

③ 面㋕に垂直な面をすべて答えましょう。

(　　　　　　)

④ 面㋔に垂直な面をすべて答えましょう。

(　　　　　　)

3 右の図を見て答えましょう。

① 点イ，点ウの位置(いち)を，点アをもとにして答えましょう。

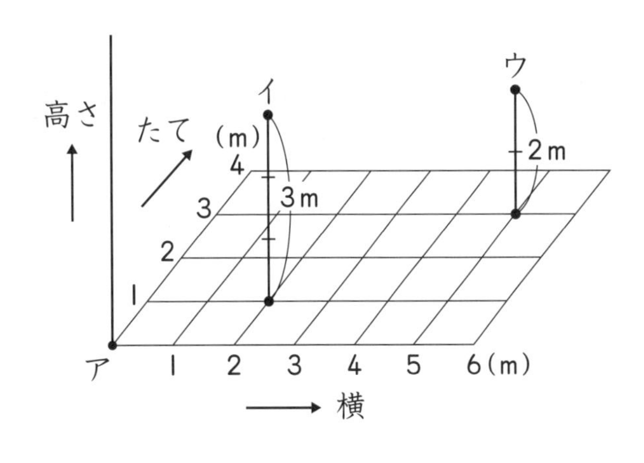

点イ（　　　　　　　　　　）

点ウ（　　　　　　　　　　）

② 点エの位置は，点アをもとにすると，(横 4m，たて 2m，高さ 1m)です。点エの位置を図の中にかきましょう。

かんがえよう! —算数とプログラミング—

①，②にあてはまるものを下の[　]の中から選(えら)んで記号で答えましょう。

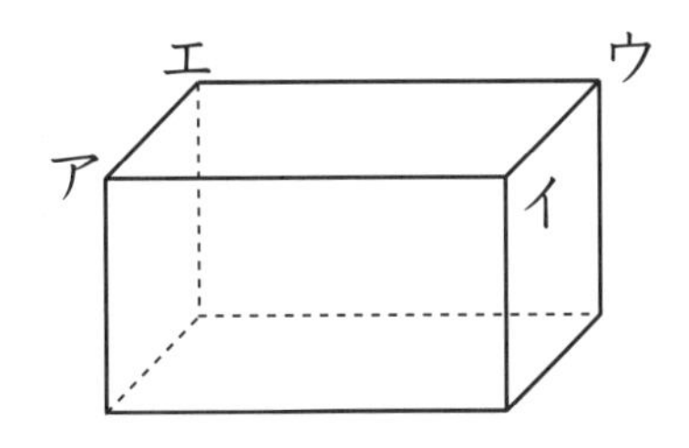

上の図で，面アイウエに平行な面には青を，垂直な面には赤をぬります。
青にぬられた面は [①] つ，赤にぬられた面は [②] つになります。

①（　　　　）　②（　　　　）

34

―プログラミングの考え方を学ぶ―

旗はどこに動く？

学習した日　　月　　日

答えは 別さつ 24 ページ

下の図で，赤い旗(はた)を→の向きに動かします。

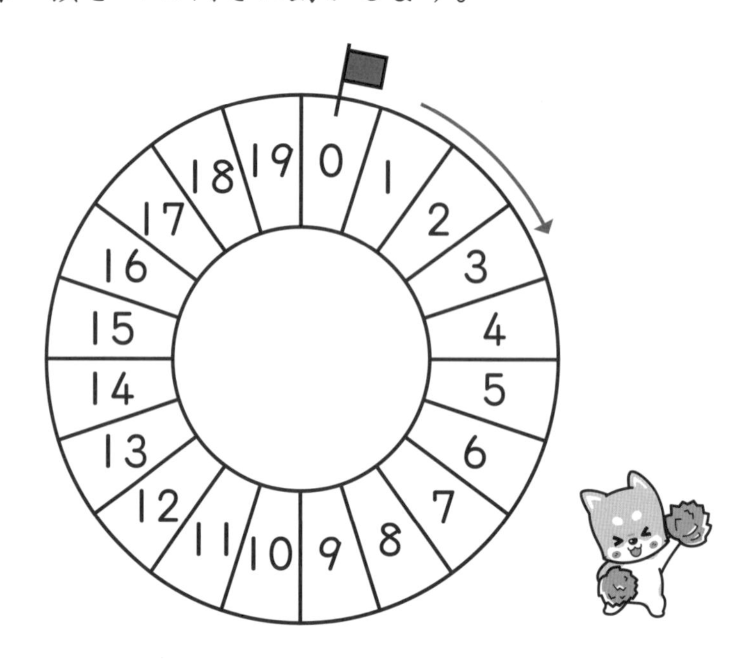

(例(れい)) 赤い旗を，0のますにおいて，次のように動かします。赤い旗は，どの数のますに動きますか。

① 4ます進むことを7回くり返す
↓
② 3ます進むことを6回くり返す

①4×7=28　だから，赤い旗は，28ます進みます。28−20=8なので，赤い旗は，8のますに動きます。

②3×6=18　だから，赤い旗は，18ます進みます。
8のますから18ます進むので，8+18=26
26−20=6なので，赤い旗は6のますに動きます。

(答え)　6のます

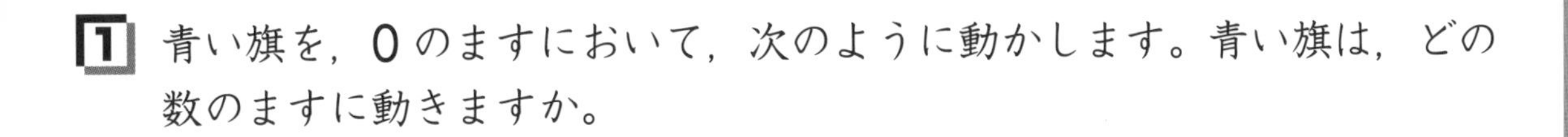

1 青い旗を，0のますにおいて，次のように動かします。青い旗は，どの数のますに動きますか。

①

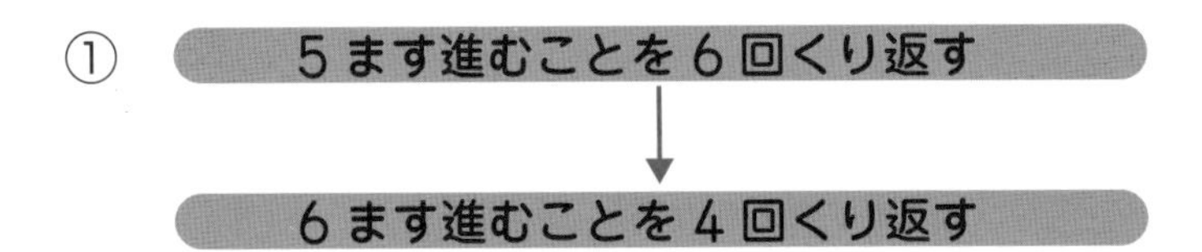

（　　　　　）のます

②

2ます進むことを12回くり返す

↓

7ます進むことを4回くり返す

↓

3ます進むことを9回くり返す

（　　　　　）のます

2 白い旗を，12のますにおいて，次のように動かします。白い旗は，どの数のますに動きますか。

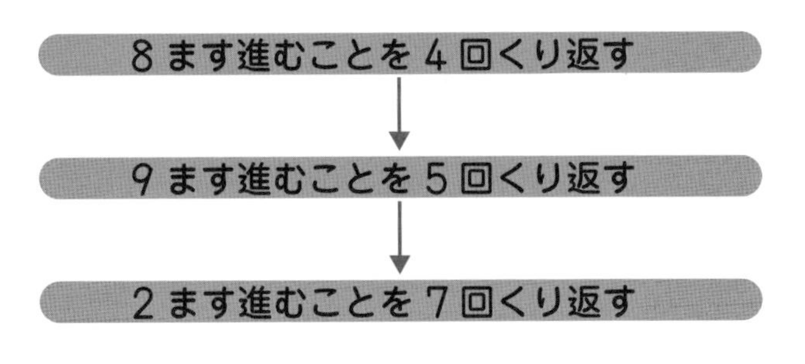

12のますから
はじまることに
注意しよう。

（　　　　　）のます

初版
第１刷　2020年５月１日　発行

●編 者
数研出版編集部
●カバー・表紙デザイン
株式会社クラップス

発行者　星野 泰也

ISBN978-4-410-15350-1

チャ太郎ドリル　小4　算数とプログラミング

発行所　数研出版株式会社

〒101-0052 東京都千代田区神田小川町２丁目３番地３
〔振替〕00140-4-118431
〒604-0861 京都市中京区烏丸通竹屋町上る大倉町205番地
〔電話〕代表（075）231-0161
ホームページ　https://www.chart.co.jp

印刷　河北印刷株式会社
乱丁本・落丁本はお取り替えいたします　200301

解答と解説

算数とプログラミング 4年

1 角

解答

1 ① 60°　② 135°

2 ① 90　② 4，360

3

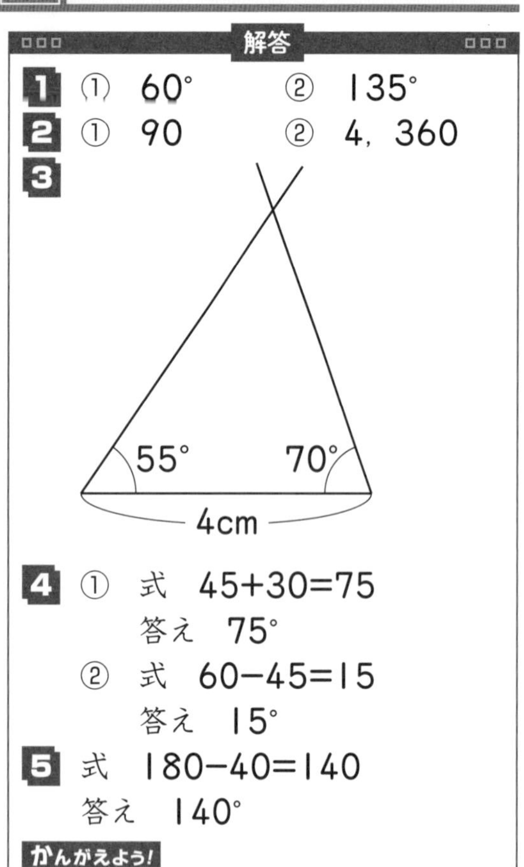

4 ① 式　45+30=75
答え　75°

② 式　60−45=15
答え　15°

5 式　180−40=140
答え　140°

かんがえよう!

① ㋑　② ㋒

解説

1 分度器の中心を，角の頂点に合わせて角度をはかります。

2 ① 1 直角は 90 度です。

② 1 回転の角度は 4 直角分です。4 直角は，90×4=360 なので，360 度です。

3 まず, 4cmの辺をかきます。次に，55° の角と 70° の角をかきます。

4 1 組の三角じょうぎは，
・45°，45°，90° の三角形
・30°，60°，90° の三角形
の組み合わせです。

① 45° と 30° をたせばよいので，
40+35=75　答えは，75°

② 60° から 45° をひけばよいので，
60−45=15　答えは，15°

5 40° と㋐の角度をたすと 180° になることから考えます。㋐の角度は，180° から 40° をひくことで求められます。

かんがえよう!

1回転の角度は360°，1直線の角度は180°です。㋐の角度を，㋑+180°，360°−㋒と考えて，㋑，㋒の角度を分度器ではかり，計算で求めます。

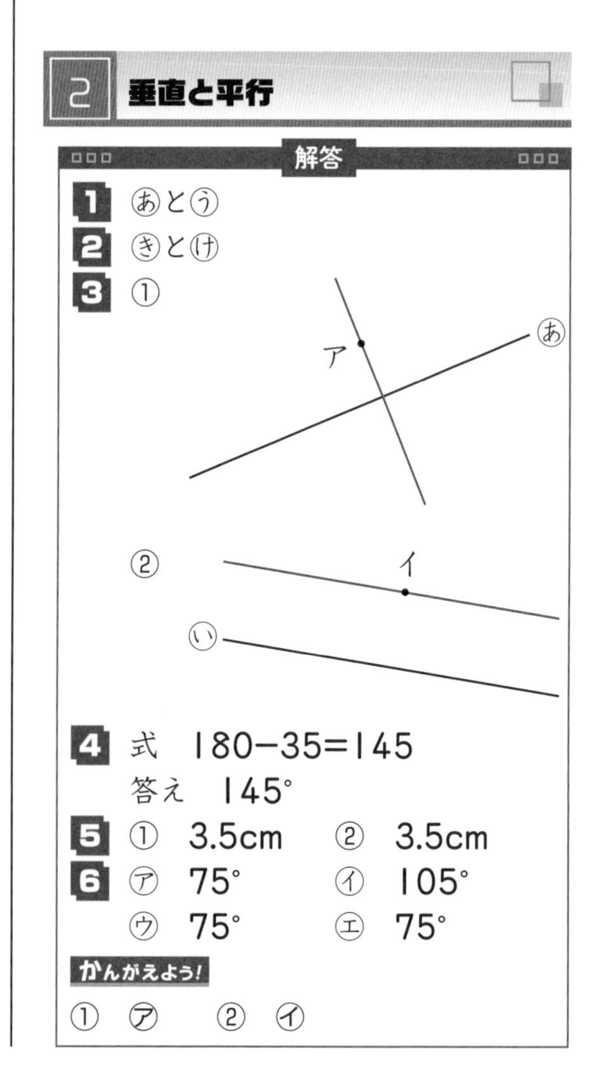

2 垂直と平行

解答

1 ㋐と㋒

2 ㋖と㋘

3 ①

②

4 式　180−35=145
答え　145°

5 ① 3.5cm　② 3.5cm

6 ㋐ 75°　㋑ 105°
㋒ 75°　㋓ 75°

かんがえよう!

① ㋐　② ㋑

解説

1 三角じょうぎの90°のところをあてて調べます。

2 1組の三角じょうぎを使って調べます。平行な直線をかくときと同じようにして調べます。

3 1組の三角じょうぎを使ってかきます。

①

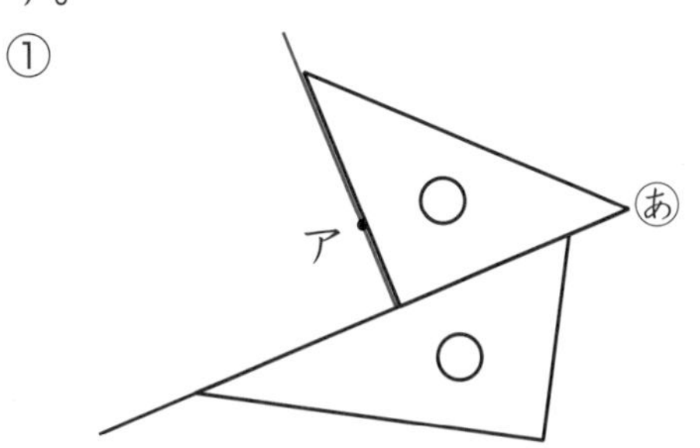

②

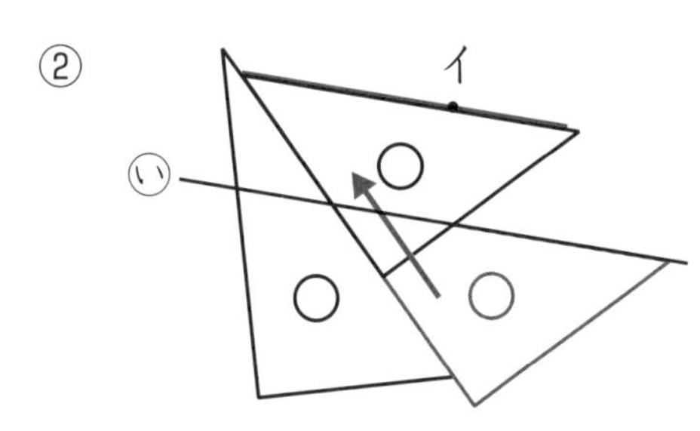

6

ポイント

平行な直線は，ほかの直線と等しい角度で交わることから考えます。

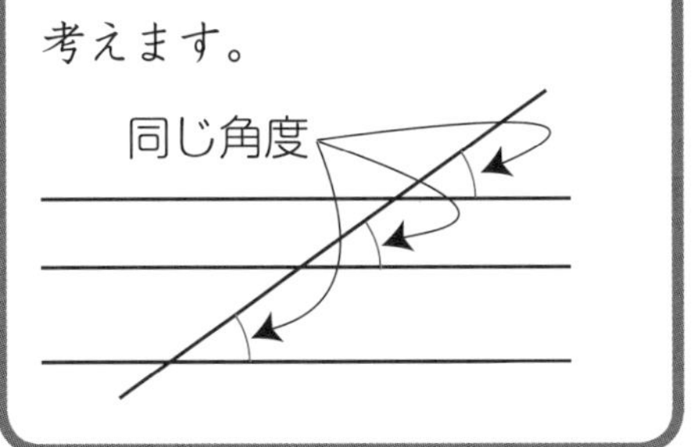

かんがえよう!

長方形の角はすべて直角です。辺アイと平行な辺は，辺エウの1本です。辺アイと垂直（すいちょく）な辺は，辺アエ，辺イウの2本です。

3 1けたでわるわり算の筆算(1)

解答

1 ① 30　② 50
③ 600　④ 400

2 ① 18　② 17あまり2
③ 31　④ 12あまり1
⑤ 15あまり5
⑥ 40あまり1

3 ① 12あまり6
たしかめ
$7\times12+6=90$
② 21あまり2
たしかめ
$3\times21+2=65$

4 式 $84\div6=14$
答え 14ふくろ

5 式 $74\div4=18$ あまり2
答え 1人分は18まいになって，2まいあまる。

かんがえよう!

① ㋒　② ㋑

解説

1 ①，②は10のかたまりで，③，④は100のかたまりで考えます。

2 答えは，十の位（くらい）からたちます。

3

ポイント

たしかめの式は，
わる数×商＋あまり
＝わられる数

かんがえよう!

商が100より大きいカードは，2400，4000，6400の3まい。商が100より小さいカードは，80，400，720，160の4まい。

4 1けたでわるわり算の筆算(2)

解答

1 ① 163
② 278 あまり 2
③ 140 あまり 3
④ 109 あまり 1

2 ① 89 あまり 1
② 46 あまり 3
③ 70 あまり 5
④ 50 あまり 6

3 式 495÷3=165
答え 165cm

4 式 207÷5=41 あまり 2
41+1=42
答え 42 回

かんがえよう!

① ㋒　② ㋐

解説

1 商は百の位(くらい)からたちます。

2 ① 1÷2 はできないので，商は百の位にはたちません。17÷2 を考えて，商は十の位からたちます。
②〜④ ①と同じように，商は十の位からたちます。

3 495 を 3 とみたとき，1 にあたる大きさを求(もと)めることを考えます。

ポイント
もとにする量(りょう)
=くらべられる量÷何倍

4 あまった 2 さつを運ぶのに，もう 1 回運ばないといけません。運ぶ回数は，41 回ではなく，もう 1 回たして，41+1=42(回)となります。

かんがえよう!

青い箱に入るカードは，88，760，49，262の4まい。赤い箱に入るカードは，98，224の2まい。

5 1億より大きい数

解答

1 ① 670390000
② 2000000000000

2 左から，2000 億，
1 兆 5000 億，
2 兆 9000 億

3 ① 8 億　② 4 兆
③ 50 億　④ 6000 万

4 801234567

5 ①
```
    247
   ×638
   1976
   741
  1482
 157586
```
②
```
    809
   ×503
   2427
  4045
 406927
```
③
```
   7200
 ×  400
2880000
```
④
```
    480
  ×2500
   240
   96
1200000
```

かんがえよう!

① ㋐　② ㋒

解説

1 ①1億(おく)を6こで6億，1000万を7こで7000万，10万を3こで30万，1万を9こで9万です。全部あわせると，6億7039万となります。これを数字で書くと，670390000です。

②1000億を10こ集めた数は1兆(ちょう)です。これを20こ集めたことになるので，20兆です。これを数字で書くと，20000000000000です。

2 いちばん小さい1めもりは1000億であることに注目します。

3

ポイント
- 整数を10倍する
  →位は1けたずつ上がる
- 整数を100倍する
  →位は2けたずつ上がる
- 整数を$\frac{1}{10}$にする
  →位は1けたずつ下がる

4 8億より小さくて8億にいちばん近い数は，798654321です。また，8億より大きくて8億にいちばん近い数は，801234567です。801234567の方が8億に近いです。

5 ③，④0のところでそろえて書いて，0がないものとして計算をします。積(せき)の右に，0を，はじめにあった数だけ書きたします。

かんがえよう！

500億より小さいものは，5000万の1まい。

6 おはじきを動かそう！

解答

1 3

2 □=1と，△=3
□=2と，△=2
□=3と，△=1

3 ① 4つ　② 6つ　③ 7つ

解説

1 スタートから1ます進み，さらに6ます進むと，おはじきは，7のますに動きます。そこから，□ます進むと，10のますに動くので，

7+□=10　□=10−7=3

2 おはじきの動きは，たし算で求められます。

6+□+△=10
□+△=10−6=4
□+△が4になる数を考えます。

3 ①5+□+△=10
□+△=10−5=5
□+△が5になる数を考えます。

□	1	2	3	4
△	4	3	2	1

上の表より，□と△の組み合わせは4つです。

②3+□+△=10
□+△=10−3=7
□+△が7になる数を考えます。

□	1	2	3	4	5	6
△	6	5	4	3	2	1

上の表より，□と△の組み合わせは6つです。

③□+2+△=10
□+△=10−2=8
□+△が8になる数を考えます。

7 折れ線グラフと表

解答

1 ① たてのじく…気温
横のじく…月
② 4月で，14度

2 ① 教室
② 午後2時で，4度

3 ①，② 下の図

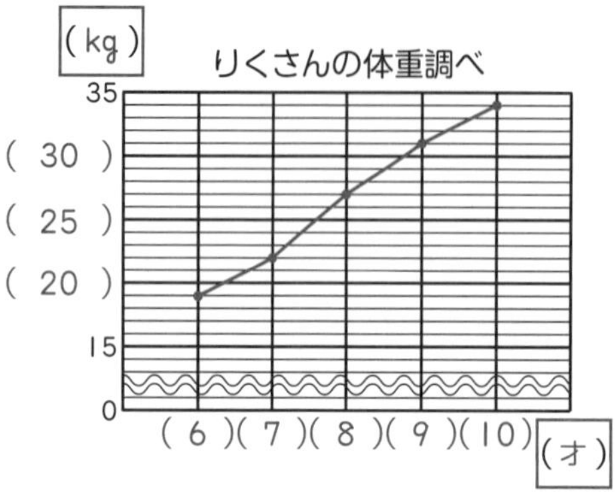

かんがえよう!

① ㊀ ② ㋒

解説

1 ①グラフのたてのじくの単位(たんい)は「度」で，気温を表しています。

2 ①午前9時から午前12時までの間の気温の変(か)わり方は，
校庭…18−11=7(度)
教室…16−8=8(度)
②午後2時の気温は，校庭が19度，教室が15度で，ちがいがいちばん大きくなっています。

3 ①たてのじくは体重を表しています。たてのじくの単位はkgです。横のじくは年れいを表しています。横のじくの単位は才です。
②点を5つとり，それを順(じゅん)に直線で結(むす)びます。

かんがえよう!

乗り物の種類(しゅるい)と数は，ぼうグラフで表したほうがわかりやすく，温度の変化(へんか)，身長の変化は，折(お)れ線(せん)グラフで表した方がわかりやすいです。

8 整理のしかた

解答

1 ①

けがの種類と場所調べ (人)

種類＼場所	教室	ろう下	体育館	合計
すりきず	2	4	3	9
切りきず	5	3	2	10
つき指	1	2	3	6
打ぼく	2	2	4	8
合計	10	11	12	33

② 教室で，切りきずをした人

2 ①

ジュースとお茶調べ (人)

	ジュース	お茶	合計
子ども	12	11	23
大人	9	8	17
合計	21	19	40

② 40人

3 ①

算数と理科の好ききらい調べ (人)

		理科		合計
		好き	きらい	
算数	好き	14	ア 6	20
	きらい	12	4	16
合計		26	10	36

② 算数が好きで，理科がきらいな人の数

かんがえよう!

① ㋐ ② ㋑

解説

1 ①まず，表を横に見て考えます。すりきずのところを横に見ると，2+□+3=9 なので，
□=9−2−3=4(人)です。
同じようにして，切りきずのところは，□+3+2=10
□=10−3−2=5(人)
つき指のところは，
1+2+□=6
□=6−1−2=3(人)
打ぼくのところは，
2+2+4=8(人)
次に，表をたてに見ます。体育館のところは，
3+2+3+4=12(人)
合計のところは，
9+10+6+8=33(人)
②教室で，切りきずをした人が5人でいちばん多いです。

2 ①まず，問題文から人数がわかるところに数を書きこみます。
次に，**1**①と同じようにして，あいているところの数を計算で求めます。
②遠足に参加した人は，子どもの人数と大人の人数の合計の人数です。

3 ①**1**①と同じようにして，あいているところの数を計算で求めます。
②アに入る数は，「算数が好き」で，「理科はきらい」な人の数を表します。

かんがえよう!

10は理科がきらいな人の数，26は理科が好きな人の数です。

9 がい数とその計算

解答

1 ① 3700
② 208000

2 ① 700 ② 5000

3 ① 1600 ② 48000

4 ① 1300 ② 4000

5 ① 140000 ② 200

6 ① 5 ② 90

7 25000 以上 35000 未満

8 式 6923 → 7000
9463 → 9000
7000+9000
=16000
答え 約 16000 人

かんがえよう!

① ㊤ ② ㋒

解説

ポイント

四捨五入
・0 ～ 4 のときは，切り捨てる。
・5 ～ 9 のときは，切り上げる。

4 ① 825 → 800，463 → 500 として計算します。
800+500=1300

7 ○以上…○と等しいか，○より大きい。
○以下…○と等しいか，○より小さい。
○未満…○より小さい。○は入らない。

かんがえよう!

2965→3000，4297→4000として，答えを見積もります。

10 式と計算

解答

1 ① 4　② 23
③ 37　④ 42

2 ① 5　② 26
③ 24　④ 8
⑤ 33　⑥ 63

3 式　500−60×4=260
答え　260円

4 ① 6800　② 360
③ 4284　④ 3007

かんがえよう!
① ㋑　② ㋒

解説

1

ポイント
かけ算・わり算は，たし算・ひき算より先に計算する。

① 25−7×3=25−21=4

2 (　)の中を先に計算します。
③ 4×(8−2)=4×6=24

4 次の計算のきまりを使ってくふうして計算します。
(○+△)×□=○×□+△×□
(○−△)×□=○×□−△×□
① 93×68+7×68
=(93+7)×68
=100×68
=6800
③ 102 を 100+2 と考えます。
④ 97 を 100−3 と考えます。

かんがえよう!
たし算・ひき算と，かけ算・わり算がまじった計算では，たし算・ひき算より，かけ算・わり算を先に計算する。

11 ロボットを動かそう！

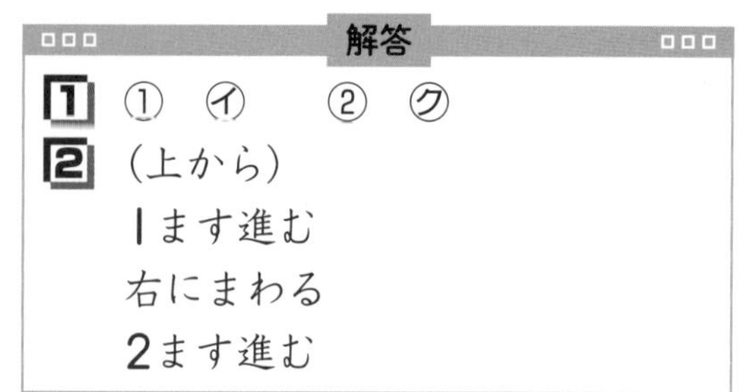

解答

1 ① ㋑　② ㋗

2 (上から)
1ます進む
右にまわる
2ます進む

解説

1 ①

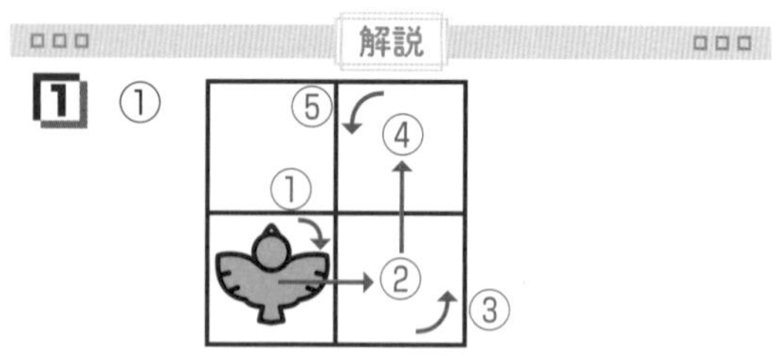

となるので，答えは㋑です。

②

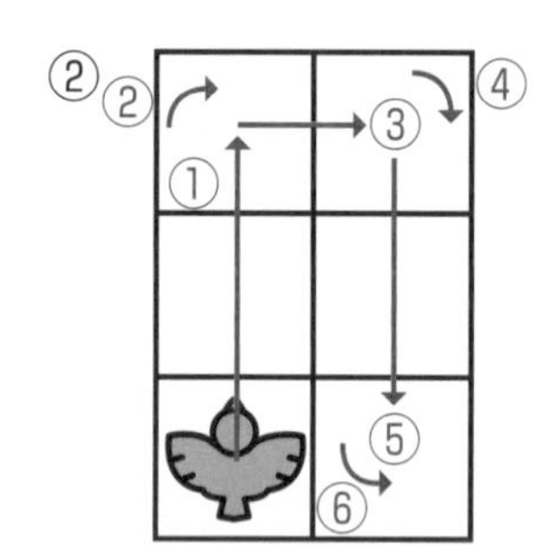

となるので，答えは㋗です。

2

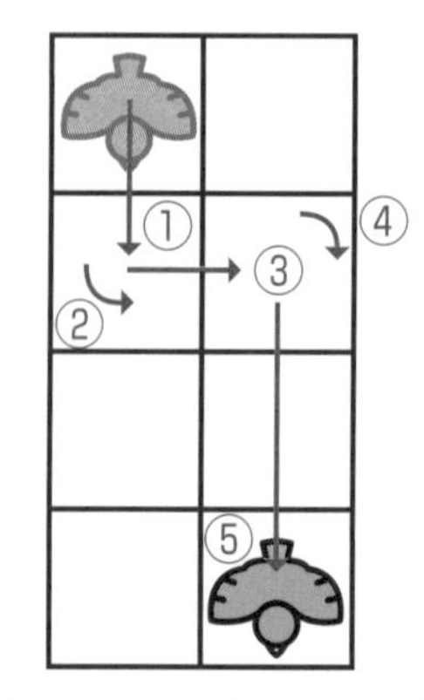

答えるのは，③，④，⑤です。

ポイント
まわるときは，右なのか，左なのかに注意しましょう。

12 四角形(1)

解答

1 台形…㋐，㋔
平行四辺形…㋒，㋕
ひし形…㋑，㋓

2 ① 平行四辺形　② ひし形
③ 台形

3 (例)

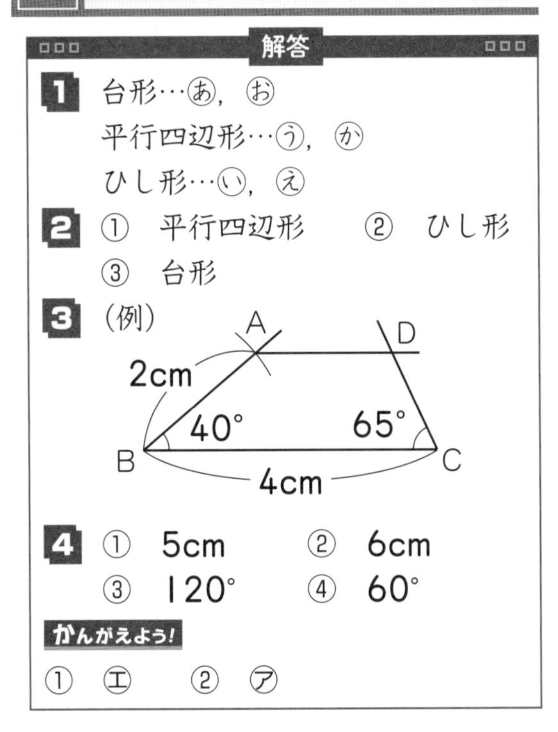

4 ① 5cm　② 6cm
③ 120°　④ 60°

かんがえよう!
① ㋓　② ㋐

解説

ポイント
・台形…向かい合った１組の辺（へん）が平行な四角形
・平行四辺形（へいこうしへんけい）…向かい合った２組の辺が平行な四角形
・ひし形（がた）…４本の辺の長さがすべて等しい四角形

1 ㋖は，台形でも平行四辺形でもひし形でもありません。

2 ①「向かい合う２組の辺がどちらも平行」なので，平行四辺形です。
②「辺の長さがすべて等しい」ので，ひし形です。
③「向かい合う１組の辺が平行」なので，台形です。

3 〔かく手順（てじゅん）〕
❶ 辺BC（ビーシー）をかく。
❷ 40°の角をかいて，点Bから2cmのところを点A（エー）とする。
❸ 65°の角をかく。
❹ 点Aを通って，辺BCと平行な直線をかく。❸でかいた直線と交わるところが，点D（ディー）となる。

4

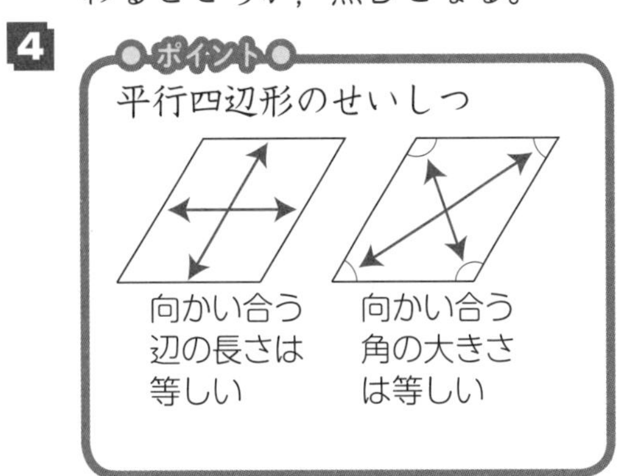

①辺ADの長さは，辺BCの長さに等しいので，その長さは5cmです。
②辺CDの長さは，辺ABの長さに等しいので，その長さは6cmです。
③角Cの大きさは，角Aの大きさに等しいので，その大きさは120°です。
④角Dの大きさは，角Bの大きさに等しいので，その大きさは60°です。

かんがえよう!
平行四辺形は4つあり，ひし形は１つあります。もう１つの図形は台形です。

13 四角形(2)

解答

1 ① 8cm　② 8cm
③ 125°　④ 55°

2 ① ㋐，㋑，㋓，㋔
② ㋐，㋑
③ ㋐，㋓

3

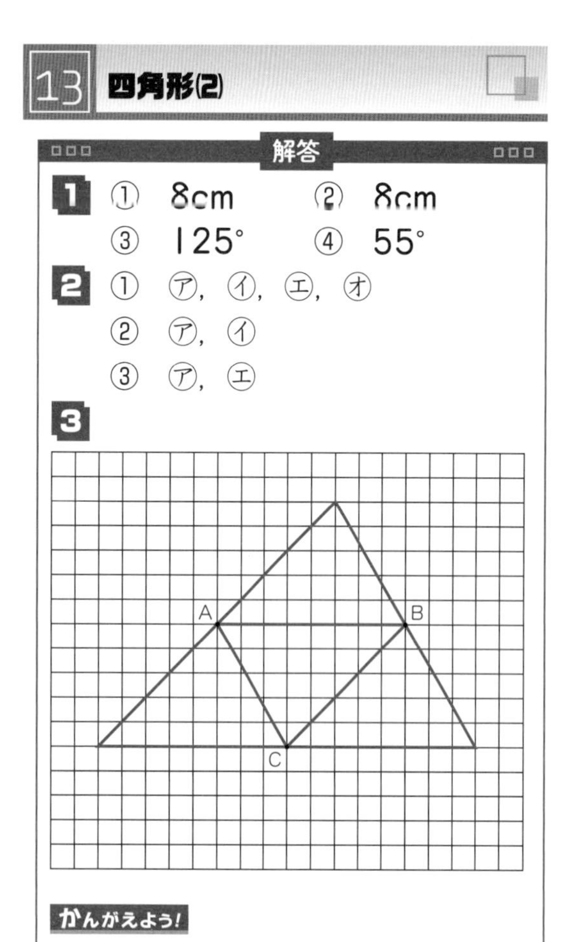

かんがえよう!

① ㋒　② ㋑

解説

1

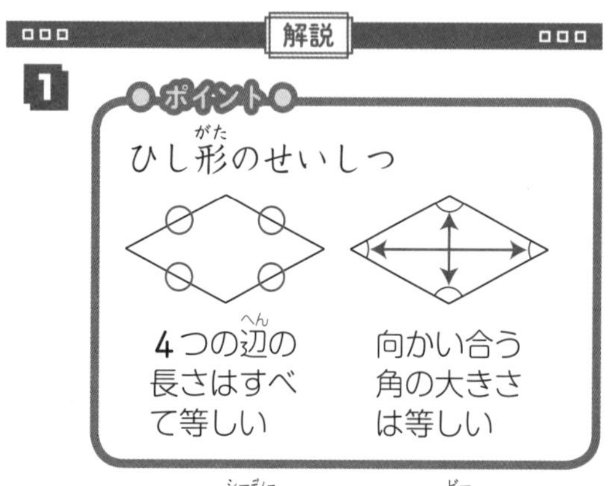

①，②辺CDの長さも辺BCの長さも辺ABの長さに等しいです。

③角Cの大きさは，角Aの大きさに等しいです。

④角Dの大きさは，角Bの大きさに等しいです。

2 台形の 2 本の対角線は，①，②，③のどれにもあてはまりません。

3 ABが対角線の 1 つとなる平行四辺形，ACが対角線の 1 つとなる平行四辺形，BCが対角線の 1 つとなる平行四辺形の 3 つの平行四辺形をかきます。

かんがえよう!

ひし形や正方形の1辺の長さは4辺とも等しいです。正方形とひし形のちがいは，正方形はすべての角が90°ですが，ひし形はそうではないことです。

14 2けたでわるわり算の筆算(1)

解答

1 ① 9　② 5
③ 3 あまり 10
④ 6 あまり 20

2 ① 2　② 2 あまり 8
③ 3 あまり 18
④ 3 あまり 5
⑤ 4 あまり 6
⑥ 7 あまり 1
⑦ 8 あまり 73
⑧ 9 あまり 12

3 式　93÷15=6 あまり 3
答え　6 ふくろできて，3 こあまる。

4 式　134÷24=5 あまり 14
5+1=6
答え　6 回

かんがえよう!

① ㋐　② ㋓

解説

1 10のかたまりで考えます。

①270は10が27こ，30は10が3こと考えます。270÷30の商は，27÷3の商と同じです。

②400÷80を40÷8と考えます。

③7÷2のあまりは1ですが，10のかたまりで考えているので，あまりの1は，10が1このことです。70÷20=3あまり10となります。

2 ③80÷20と考えて商に4をたてると，23×4=92となるので，87からひけません。このようなときは，商を1小さくします。商に3をたてると，23×3=69となるので，87からひけます。

④50÷10と考えて商に5をたてるとひけないので，商を1小さくします。それでもひけないので，さらに商を1小さくし，商に3をたてます。

⑤わられる数238は，わる数58の10倍より小さいです。このようなときは，商は一の位（くらい）からたちます。240÷60と考えて，商に4をたてます。

4 134÷24=5あまり14なので，5回運ぶと荷物が14こあまります。この残（のこ）りの14こを運ぶのに1回かかるので，5+1=6(回)かかることになります。

かんがえよう！

あまりは，わる数より小さくなっていないといけません。

15 2けたでわるわり算の筆算(2)

解答

1
① 14あまり5
② 63あまり7
③ 30あまり19
④ 5あまり13
⑤ 7あまり45
⑥ 89あまり52
⑦ 26あまり74

2
① 7あまり400
② 3あまり2000

3 式 845÷16=52あまり13
答え 52箱できて，13本あまる。

4 式 1200÷25=48
答え 48本

かんがえよう！

① ㊁　② ㋑

解説

1 ①～③商は十の位からたちます。
④，⑤商は一の位からたちます。
⑥，⑦商は十の位からたちます。

2 ①

```
          7
800)6 0 0 0
    5 6
      4 0 0
```

②

```
           3
9000)2 9 0 0 0
     2 7
       2 0 0 0
```

（わる数とわられる数の0を同じ数だけ斜線で消しています）

かんがえよう！

商は，上の行の左から75，125，260，下の行の左から25，120，360です。

16 形を分けよう！

解答

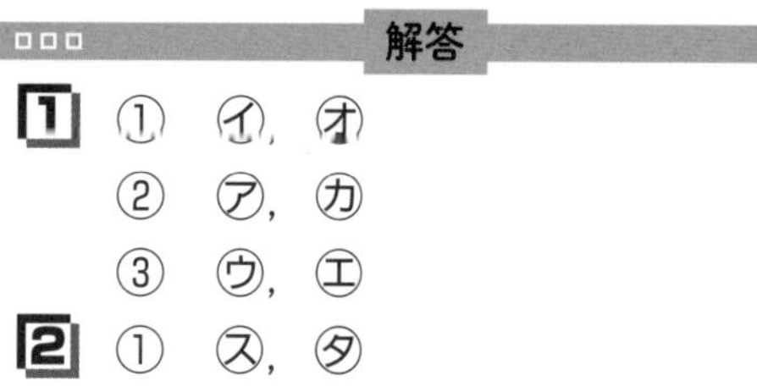

1 ① ㋑，㋔
② ㋐，㋕
③ ㋒，㋓

2 ① ㋜，㋟
② ㋚，㋡
③ ㋛，㋞
④ ㋝，㋠

解説

1 ①㋑，㋔の四角形には，平行な辺（へん）が1組あります。台形です。

②平行な辺が2組あって，4本の辺の長さが等しいのは，㋐，㋕のひし形です。

③平行な辺が2組あって，2本ずつ2組の辺の長さが等しいのは，㋒，㋓の平行四辺形です。

2 ① 4本の辺の長さが等しい四角形のうち，直角の角がある四角形を選（えら）びます。正方形です。

② 4本の辺の長さが等しい四角形のうち，直角の角がない四角形を選びます。ひし形です。

③ 4本の辺の長さが等しくない四角形のうち，直角の角がある四角形を選びます。長方形です。

④ 4本の辺の長さが等しくない四角形のうち，直角の角がない四角形を選びます。平行四辺形です。

17 小数

解答

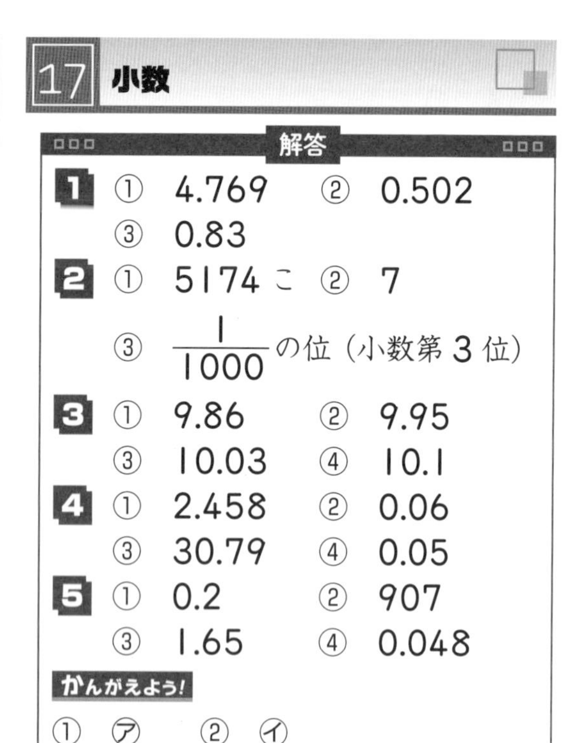

1 ① 4.769　② 0.502
③ 0.83

2 ① 5174 こ　② 7
③ $\frac{1}{1000}$ の位（小数第３位）

3 ① 9.86　② 9.95
③ 10.03　④ 10.1

4 ① 2.458　② 0.06
③ 30.79　④ 0.05

5 ① 0.2　② 907
③ 1.65　④ 0.048

かんがえよう！
① ㋐　② ㋑

解説

1 ①1 を 4 こで 4，0.1 を 7 こで 0.7，0.01 を 6 こで 0.06，0.001 を 9 こで 0.009 です。全部あわせると，4.769 となります。

②0.1 を 5 こで 0.5，0.001 を 2 こで 0.002 です。全部あわせると，0.502 となります。

③0.001 を 10 こ集めた数は 0.01 です。これを 83 こ集めたことになるので，0.83 です。

2 ①0.004 は 0.001 を 4 こ，0.07 は 0.001 を 70 こ，0.1 は 0.001 を 100 こ，5 は 0.001 を 5000 こ集めた数なので，5.174 は，0.001 を 5174 こ集めた数となります。

②，③ 5 は一の位（くらい），1 は $\frac{1}{10}$ の位，

7 は $\frac{1}{100}$ の位，4 は $\frac{1}{1000}$ の位です。$\frac{1}{10}$ の位，$\frac{1}{100}$ の位，$\frac{1}{1000}$ の位のことを，それぞれ，小数第 1 位（い），小数第 2 位，小数第 3 位ともいいます。

3 いちばん小さい 1 めもりは 0.01 であることに注目します。

③10 から 1 つ右の目もりは，10.01 です。そこから，さらに，2 つ右なので，10.03 です。

4 ①，②1kg=1000g であることから考えます。

③，④1m=100cm であることから考えます。

5

ポイント
- 小数を 10 倍する
  →位は 1 けたずつ上がる
- 小数を 100 倍する
  →位は 2 けたずつ上がる
- 小数を $\frac{1}{10}$ にする
  →位は 1 けたずつ下がる
- 小数を $\frac{1}{100}$ にする
  →位は 2 けたずつ下がる

かんがえよう!

0.45より小さいものは，0.406，0.004，0.046の3まいです。4より大きいものは，4.006，4.6の2まいです。0.46はどちらにもあてはまりません。

18 小数のたし算・ひき算

解答

1 ① 8.13　② 6
③ 10.227
④ 55.631
⑤ 5.24　⑥ 18.48
⑦ 0.42　⑧ 1.096

2 ① 8.4　② 20.006
③ 1.39　④ 4.527

3 ① 式　2.6+1.95=4.55
答え　4.55m
② 式　2.6−1.95=0.65
答え　0.65m

かんがえよう!

① ㋒　② ㋓

解説

1 ②答えの小数点より右の最後（さいご）の 0 は，＼で消しておきましょう。

④48.9 を 48.900 と考えます。

⑥26.4 を 26.40 と考えます。

⑦答えは 42 でなく，0.42 です。

2 位をそろえてかいて，整数のときと同じように計算します。答えの小数点は，上にそろえてうちます。

① 5.81 + 2.59 = 8.40（0は＼で消す）

② 16.2 + 3.806 = 20.006

③ 3.26 − 1.87 = 1.39

④ 5 − 0.473 = 4.527

かんがえよう!

くり上がりやくり下がりに注意して考えます。左の計算は，百の位に 1 くり上がります。右の計算は，百の位から 1 くり下がります。

19 面積(1)

解答

1 ① 式 $5\times8=40$
答え $40cm^2$
② 式 $10\times10=100$
答え $100cm^2$

2 ① 式 $12\times7=84$
答え $84cm^2$
② 式 $13\times13=169$
答え $169cm^2$

3 ① 式 $9\times15=135$
答え $135m^2$
② 式 $12\times12=144$
答え $144km^2$

4 ① 式 $8\times\square=112$
$\square=112\div8=14$
答え 14cm
② 式 $\square\times25=500$
$\square=500\div25$
$=20$
答え 20m

5 6km

かんがえよう!

① ㋑ ② ㋐

解説

ポイント

長方形の面積(めんせき)＝たて × 横
正方形の面積＝1 辺(ぺん)×1 辺

1～**3** 面積の単位(たんい)に注意しましょう。

5 長方形の面積は，
$3\times12=36(km^2)$です。

かんがえよう!

$20cm^2$以上(いじょう)は$20cm^2$をふくみます。

20 面積(2)

解答

1 (①～③の式は例です。)
① 式 $4\times5=20$
$6\times7=42$
$20+42=62$
答え $62cm^2$
② 式 $9\times10=90$
$7\times30=210$
$90+210=300$
答え $300cm^2$
③ 式 $3\times6=18$
$4\times(7+6+4)=68$
$5\times6=30$
$18+68+30=116$
答え $116cm^2$

2 (①，②の式は例です。)
① 式 $7\times14=98$
$5\times5=25$
$98-25=73$
答え $73cm^2$
② 式 $11-3=8$
$15-3=12$
$8\times12=96$
答え $96cm^2$

3 ① 20000
② 700 ③ 50
④ 43000000

4 ① 式 $200\times90=18000$
$18000m^2=180a$
答え 180a
② 式 $80\times750=60000$
$60000cm^2=6m^2$
答え $6m^2$

かんがえよう!

① ㋓ ② ㋑

解説

1

ポイント
図形をいくつかの長方形や正方形にわけて考えます。

①左右２つにわけます。

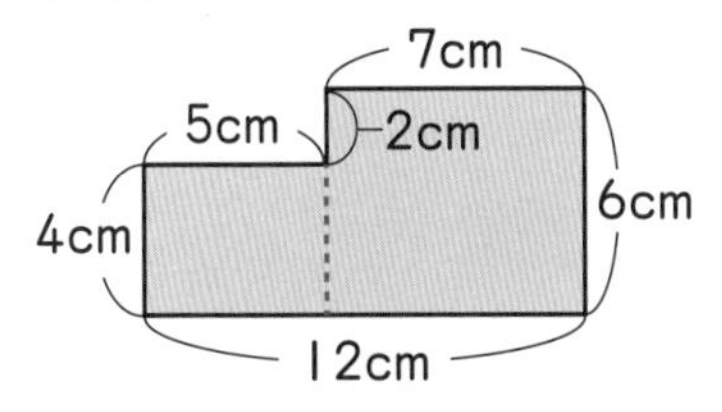

②上下２つにわけます。

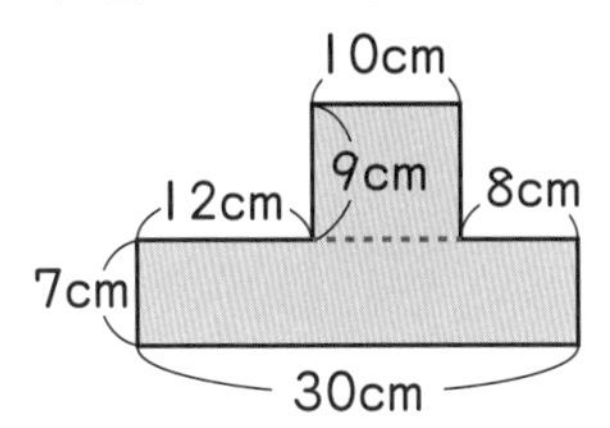

③上下に３つにわけます。

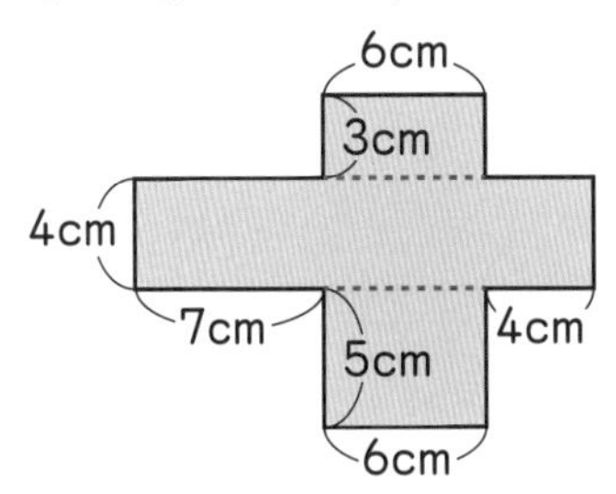

2 ①長方形の面積から正方形の面積をひきます。
②白い部分をはじによせます。

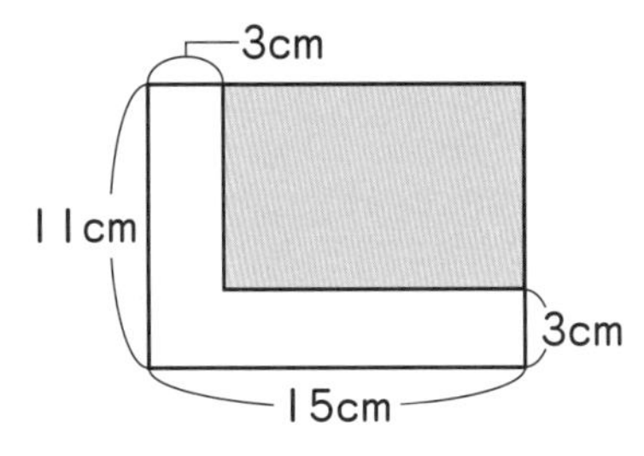

かんがえよう！

100000m²よりせまいのは，500a，40000m²，0.03km²です。1km²より広いのは，700haです。

21 どんな計算になるかな？

解答

1 ① 90　② 27　③ 180
2 ① 1620　② 4
③ 18　④ 45　⑤ 5

解説

ポイント
カードに数をあてはめて計算します。どのカードにどの数をあてはめるかをまちがえないようにしましょう。計算まちがいにも気をつけましょう。

1 ①○＋△×□の○に18，△に12，□に6をあてはめると，
18＋12×6＝18×72
＝90
かけ算を先に計算します。
②6×18÷4＝108÷4
＝27
前から順（じゅん）に計算します。
③(4＋6)×18＝10×18
＝180
かっこの中を先に計算します。

2 ①9×180＝1620
②60÷15＝4
③15＋180÷60
＝15＋3
＝18
④180−9×15
＝180−135
＝45
⑤(60−15)÷9
＝45÷9
＝5

22 小数のかけ算(1)

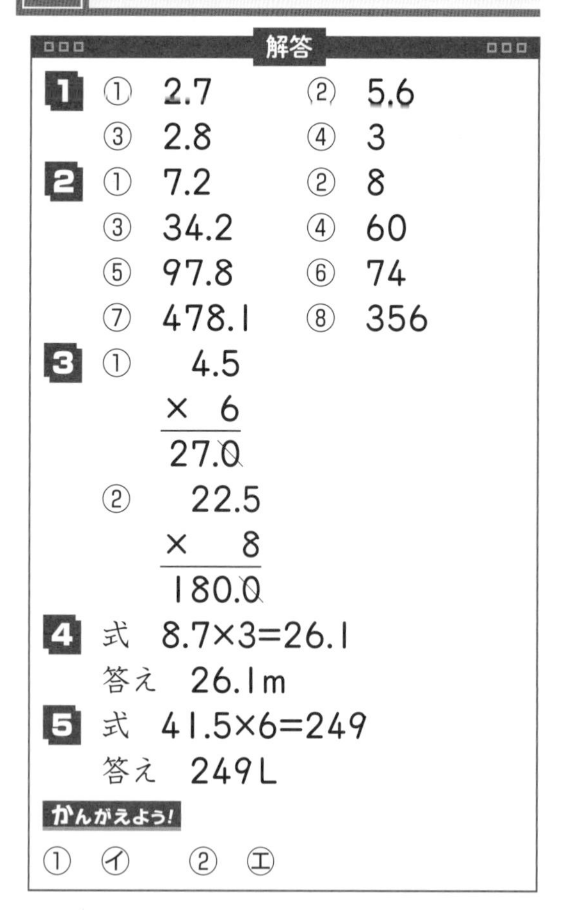

解答

1 ① 2.7　② 5.6
③ 2.8　④ 3

2 ① 7.2　② 8
③ 34.2　④ 60
⑤ 97.8　⑥ 74
⑦ 478.1　⑧ 356

3 ①

```
   4.5
×   6
------
  27.0
```

②

```
  22.5
×    8
------
 180.0
```

4 式　8.7×3=26.1
答え　26.1m

5 式　41.5×6=249
答え　249L

かんがえよう!

① ㋑　② ㋓

解説

1 ①0.3を10倍して，3×9を計算すると，27です。27を10でわって，答えは，2.7です。

2

●ポイント●
整数のときと同じように計算をし，積(せき)に小数点をうつ。小数点をうつところは，かけられる数の小数点と同じところ。

②，④，⑥，⑧積の小数点より右の最後(さいご)の0は，＼で消しておきましょう。

3 〔小数のかけ算の筆算の手順(てじゅん)〕

❶ 小数点がないものとして，右にそろえて書く。

❷ 整数のときと同じように計算をする。

❸ かけられる数と同じところに，積の小数点をうつ。そのとき，0を付(つ)け加(くわ)える場合もある。また，積の小数点より右の最後の0は，＼で消しておく。

かんがえよう!

積の小数点は，かけられる数と同じところにつけます。

23 小数のかけ算(2)

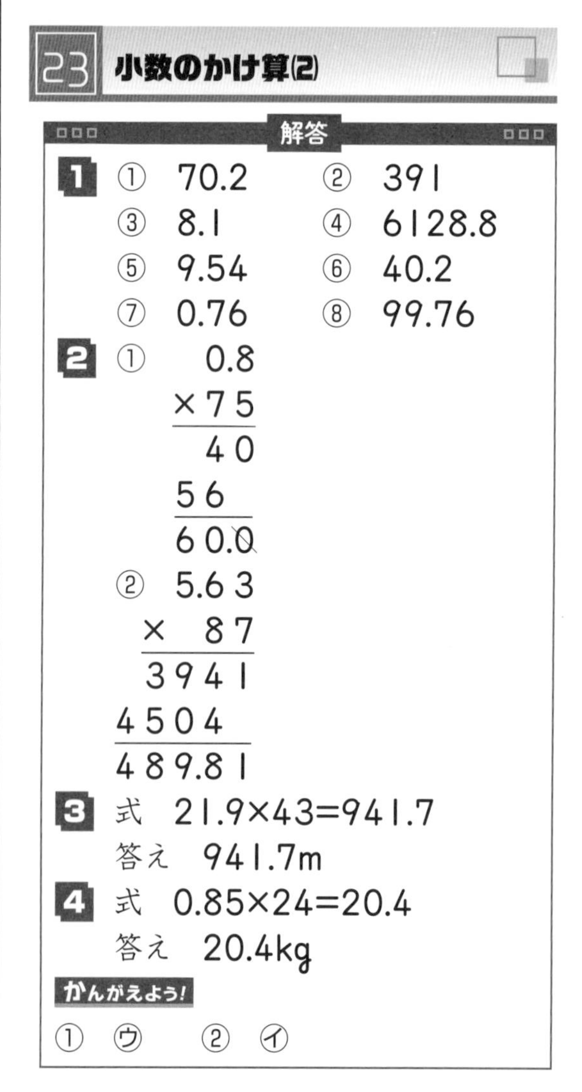

解答

1 ① 70.2　② 391
③ 8.1　④ 6128.8
⑤ 9.54　⑥ 40.2
⑦ 0.76　⑧ 99.76

2 ①

```
   0.8
×  75
------
   40
  56
------
  60.0
```

②

```
   5.63
×    87
-------
   3941
 4504
-------
 489.81
```

3 式　21.9×43=941.7
答え　941.7m

4 式　0.85×24=20.4
答え　20.4kg

かんがえよう!

① ㋒　② ㋑

解説

1 ②，⑥積の小数点より右の最後の0は，＼で消しておきましょう。

⑦計算をすると，76になります。小数点をかけられる数の小数点にそろえてうつとき，0を付け加えて，0.76とします。

2 小数点がないものとして，右にそろえて書いて計算をします。積に小数点をうつのをわすれないようにしましょう。

4 くらべられる量＝もとにする量×何倍の式にあてはめます。

かんがえよう!

積は，上の行の左から1.08，6，0.8，17.5，下の行の左から0.9，1.08，0.96，18です。

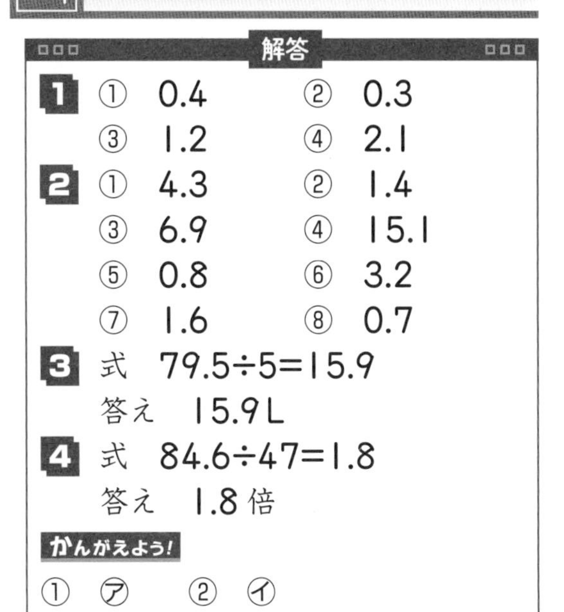

24 小数のわり算(1)

解答

1 ① 0.4　② 0.3
③ 1.2　④ 2.1

2 ① 4.3　② 1.4
③ 6.9　④ 15.1
⑤ 0.8　⑥ 3.2
⑦ 1.6　⑧ 0.7

3 式　79.5÷5=15.9
答え　15.9L

4 式　84.6÷47=1.8
答え　1.8倍

かんがえよう!

①　㋐　②　㋑

解説

1 ①2.4を10倍して，24÷6を計算すると，4です。4を10でわって，答えは，0.4です。

②〜④　①と同じように，わられる数を10倍して計算をし，最後に10でわります。

2 ①8÷2=4なので，商の一の位は4です。次に，わられる数の小数点にそろえて，商に小数点をうちます。あとは，整数のときと同じように計算をしていきます。

⑤7÷9はできないので，商の一の位に0を書いて小数点をうちます。72÷9=8なので，商は0.8となります。

⑧58÷83はできないので，商の一の位に0を書いて小数点をうちます。581÷83=7なので，商は0.7となります。

ポイント

小数のわり算では，わられる数の小数点の位置に注意して，計算をする。

4 何倍かを求めるには，

くらべられる量÷もとにする量の式にあてはめます。

この問題では，くらべられる量は長いロープの長さ，もとにする量は短いロープの長さです。

かんがえよう!

商は，左から0.2，2.3，1.2，0.8です。商が2以上なのは1まい，商が1未満なのは2まいです。

25 小数のわり算(2)

解答

1 ① 2.16　② 1.38
③ 0.62　④ 0.75
⑤ 0.05　⑥ 0.017
⑦ 0.31　⑧ 0.08

2 式　9.87÷3=3.29
答え　3.29L

3 式　7.56÷42=0.18
答え　0.18kg

かんがえよう!
① ㋐　② ㋓

解説

1 わられる数が，$\frac{1}{100}$の位，$\frac{1}{1000}$の位まであっても，今までと同じように計算をします。

③4÷8 はできないので，商の一の位に 0 を書いてから小数点をうって，計算を進めます。

④6÷9 はできないので，商の一の位に 0 を書いてから小数点をうって，計算を進めます。

⑤0÷5 はできないので，商の一の位に 0 を書いてから小数点をうって，計算を進めます。次に，2÷5 ですが，これもできないので，もう 1 回 0 を書いて計算を進めます。次は，25÷5=5 です。商は，0.05 となります。

⑥0÷6 はできないので，商の一の位に 0 を書いてから小数点をうって，計算を進めます。次に，1÷6 ですが，これもできないので，もう 1 回 0 を書いて計算を進めます。

⑦8÷28 はできないので，商の一の位に 0 を書いてから小数点をうって，計算を進めます。

⑧5÷73 も 58÷73 もできないので，0.0 と書いてから計算を進めます。

2 もとにする量を求めるには，
・くらべられる量÷何倍
の式にあてはめます。

この問題では，くらべられる量は大きいバケツに入っている水の量です。

かんがえよう!

商は，左から0.06，0.4，0.05，0.07です。商の小数第1位が0になっているのは3まい，商の小数第2位が2になっているのは0まいです。

26 小数のわり算(3)

解答

1 ① 23 あまり 2.1
② 6 あまり 4.9

2 ① 0.78　② 0.325

3 ① 14　② 1.5

4 式　98.8÷8
=12 あまり 2.8
答え　12 本できて，2.8cm あまる。

5 式　57.8 ÷ 9=6.42…
6.42…→ 6.4
答え　約 6.4kg

かんがえよう!
① ㋑　② ㋒

解説

1

ポイント
小数のわり算では，あまりの小数点は，わられる数の小数点にそろえてうつ。

①あまりは 21 ではなく，2.1 です。あまりの小数点は，わられる数の小数点にそろえてうつことをわすれないようにしましょう。

②あまりは 49 ではなく，4.9 です。

2 ①3.9 を 3.90 と考えてわり進めます。

②20.8 を 20.800 と考えてわり進めます。

3 上から 2 けたのがい数で求めるには，上から 3 けたまで求めて，上から 3 けた目を四捨五入(ししゃごにゅう)します。

②49.3 を 49.30 と考えてわり進めます。

4 リボンの本数を求めるので，商は整数になります。商は一の位まで求めて，あまりも求めます。あまりは 28cmではなく，2.8cmです。

5 上から 2 けたのがい数で求めるには，上から 3 けたまで求めて，上から 3 けた目を四捨五入します。

57.8÷9 を上から 3 けた目まで求めると，6.42 です。6.42 の 2 を四捨五入して，6.4 となります。

かんがえよう！

商を一の位まで求めたときのあまりは，左から1.3，0.5，0.4，2.2です。あまりが1未満(みまん)は2まい，あまりが2以(い)上(じょう)は1まいです。

解答

1 67.105

2 ① 21.307　② 86.095

3 ① 0　② 5

解説

ポイント
1つずつ順番(じゅんばん)にますに数を入れていきます。

1 左から3番目に1→ □□.1□□
右から4番目に7→ □7.1□□
右から1番目に5→ □7.1□5
左から1番目に6→ 67.1□5
右から2番目に0→ 67.105
できる数は，67.105です。

2 ①右から3番目に 1.5×2=3 を入れる。
左から4番目に 7×0=0 を入れる。
右から5番目に 0.4×5=2 を入れる。
左から5番目に 3.5×2=7 を入れる。
右から4番目に 7.2−6.2=1 を入れる。
できる数は，21.307です。

②左から4番目
1.78+7.22=9
右から3番目　0÷3=0
右から5番目　184÷23=8
左から2番目
14−4×2=14−8=6
右から1番目　1.25×4=5
できる数は，86.095です。

28 変わり方

解答

1 ① 左から，17，16，15，
14，13，12，11
② (例) □＋△＝18
③ 式　10＋△＝18
△＝18−10＝8
答え　8 こ

2 ① (例) □＋△＝15
② 式　9＋△＝15
△＝15−9＝6
答え　6cm

3 ① 左から，80，160，
240，320，400
② 80×□＝△
③ 式　80×□＝560
□＝560÷80＝7
答え　7 本

かんがえよう!

① ㋑　② ㋓

解説

1 ①まみさんが 1 このとき，弟は，18−1＝17(こ)です。まみさんが 2 このとき，弟は，18−2＝16(こ)です。同じようにして，続(つづ)きも考えます。
②まみさんのみかんの数(□)と，弟のみかんの数(△)をたすと 18 になるので，
□＋△＝18
③□に 10 をあてはめて，
10＋△＝18
△＝18−10＝8(こ)

2 ①長方形のたての長さ(□)と横の長さ(△)をたすと，その長方形のまわりの長さの半分になるので，□＋△＝30÷2
□＋△＝15
②□に 9 をあてはめて，
9＋△＝15
△＝15−9＝6(cm)

3 ①1 本のとき 80×1＝80 (円)，2 本のとき 80×2＝160(円)，……と考えていきます。
②1 本 80 円のジュースを□本買うと，80×□ (円)。これが代金となるので，
80×□＝△となります。

かんがえよう!

代金は，おかし 1 このねだん×こ数なので，50×□＝△ です。

29 割合

解答

1 ① 式　40÷20＝2
答え　2
② 式　60÷20＝3
答え　3

2 ① 式　120×2＝240
答え　240 円
② 式　15×3＝45
答え　45 人
③ 式　24×4＝96
答え　96L

3 ① 式　140÷2＝70
答え　70cm
② 式　54÷3＝18
答え　18 本
③ 式　100÷4＝25
答え　$25m^2$

かんがえよう!

① ㋒　② ㋐

解説

1

ポイント
割合を求める式は，
くらべられる量÷もとにする量

①くらべられる量は青いリボンの長さ，もとにする量は赤いリボンの長さなので，

$40 \div 20 = 2$

②くらべられる量は白いリボンの長さ，もとにする量は赤いリボンの長さなので，

$60 \div 20 = 3$

2 くらべられる量を求めるには，
もとにする量×何倍
の式にあてはめます。

①もとにする量は，プリンのねだん(120 円)です。

②もとにする量は，大人の人数(15 人)です。

③もとにする量は，小さい水そうに入っている水の量(24 L)です。

3 もとにする量を求めるには，
くらべられる量÷何倍
の式にあてはめます。

①くらべられる量は，長方形のたての長さ(140cm)です。

②くらべられる量は，お茶の本数(54 本)です。

③くらべられる量は，畑Aの面積(100m^2)です。

かんがえよう!

□の○倍が△なので，△=□×○。△の☆倍が◎なので，□×○の☆倍が◎ということになります。
◎=□×○×☆です。

30 分数

解答

1 ① $\frac{1}{9}$　② $\frac{7}{9}$　③ $1\frac{2}{9}$　④ $2\frac{4}{9}$

2 ① $1\frac{1}{2}$　② $3\frac{2}{3}$　③ $2\frac{5}{6}$　④ 6

3 ① $\frac{7}{4}$　② $\frac{13}{5}$　③ $\frac{25}{8}$　④ $\frac{43}{9}$

4 ① 30 こ分　② 37 こ分　③ 3.7

5 ① $>$　② $<$　③ $=$　④ $>$　⑤ $=$　⑥ $<$

6 $\frac{1}{6}$, $\frac{2}{6}$, $\frac{3}{6}$, $\frac{4}{6}$, $\frac{5}{6}$

7 $\frac{6}{5}$, $\frac{7}{5}$, $\frac{8}{5}$, $\frac{9}{5}$

かんがえよう!

① ㋐　② ㋑

解説

1 いちばん小さい 1 めもりは，$\frac{1}{9}$ を表しています。

4 ① 1 は $\frac{1}{10}$ の 10 こ分なので，

3 は $\frac{1}{10}$ の 30 こ分となります。

かんがえよう!

カードの分数で，帯分数のものを，仮分数になおして考えましょう。

31 分数のたし算・ひき算

解答

1 ① $\frac{5}{7}$　② $\frac{10}{8}\left(1\frac{2}{8}\right)$

③ $2\frac{1}{4}\left(\frac{9}{4}\right)$　④ $4\frac{1}{6}\left(\frac{25}{6}\right)$

⑤ $\frac{4}{9}$　⑥ $\frac{4}{5}$

⑦ $\frac{2}{3}$　⑧ $1\frac{9}{10}\left(\frac{19}{10}\right)$

2 ① 2　② 8

③ $1\frac{1}{6}\left(\frac{7}{6}\right)$　④ $3\frac{4}{9}\left(\frac{31}{9}\right)$

3 ① 式　$2\frac{4}{5}+5\frac{1}{5}=8$

答え　8L

② 式　$5\frac{1}{5}-2\frac{4}{5}=2\frac{2}{5}$

答え　$2\frac{2}{5}\left(\frac{12}{5}\right)$L

かんがえよう!

① ㋒　② ㋐

解説

1

ポイント

分数のたし算・ひき算は，分母はそのままにして，分子だけを計算します。

②答えが仮分数(かぶんすう)になったときは，帯分数(たいぶんすう)になおしてもよいです。

③$1\frac{3}{4}+\frac{2}{4}=1\frac{5}{4}$ですが，

$1\frac{5}{4}$はこのままにせず，$2\frac{1}{4}$

になおします。

④答えは$3\frac{7}{6}$になりますが，

$4\frac{1}{6}$になおします。

⑦$\frac{1}{3}$から$\frac{2}{3}$はひけません。

$1\frac{1}{3}$を$\frac{4}{3}$になおして，

$\frac{4}{3}-\frac{2}{3}$を計算します。

⑧$\frac{6}{10}$から$\frac{7}{10}$はひけません。

$3\frac{6}{10}$を$2\frac{16}{10}$になおして，

$2\frac{16}{10}-1\frac{7}{10}$を計算します。

2 ①，②答えは整数になります。

③2を$1\frac{6}{6}$として計算します。

④7を$6\frac{9}{9}$として計算します。

かんがえよう!

帯分数の整数の部分が1のとき，この帯分数を仮分数にすると，分子は分母+分子となります。

32 直方体と立方体(1)

解答

1 ① 6つ　② 8つ

③ 12本　④ 3つ

2 ① 4本　② 8本

3 ㋐，㋒

4 ① 点カ　② 点セ，点シ

③ 辺スセ　④ 辺キク

かんがえよう!

① ㋑　② ㋓

解説

1 ②下の 8 つです。

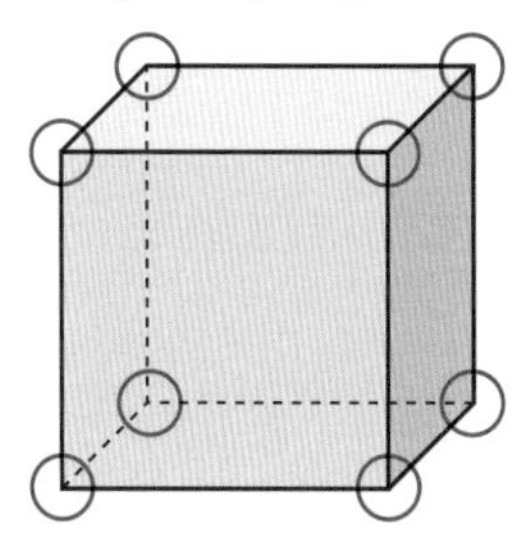

③下の 12 本です。

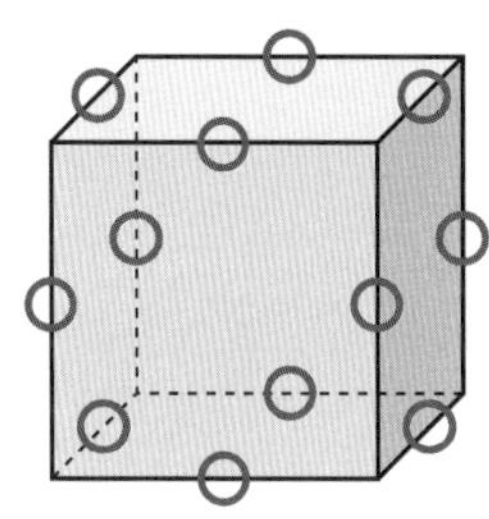

④下の 3 つです。

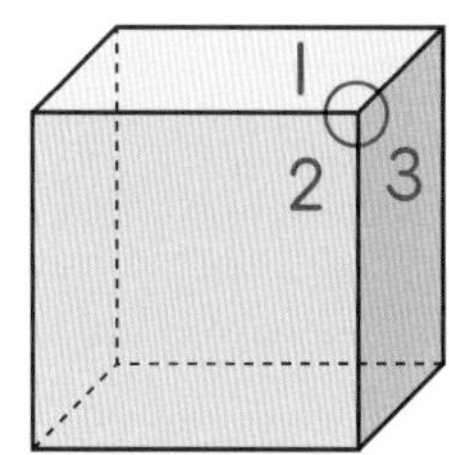

2 ①，②下の図のように，8cmの辺(へん)は 4 本，5cmの辺は 8 本です。

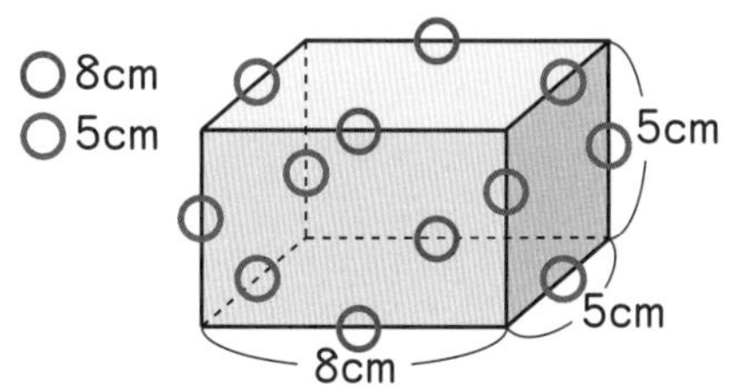

かんがえよう!

直方体の頂点(ちょうてん)の数は8，面の数は6，辺の数は12なので，

頂点の数＋面の数－辺の数

＝8＋6－12

＝2

33 直方体と立方体(2)

解答

1
① 辺イカ，辺ウキ，辺エク
② 辺オク
③ 辺アエ，辺アオ，辺イウ，辺イカ
④ 辺クキ

2
① 面㋕　② 面㋔
③ 面㋑，面㋒，面㋓，面㋔
④ 面㋐，面㋑，面㋓，面㋕

3
① 点イ…（横 2m，たて 1m，高さ 3m）
点ウ…（横 5m，たて 3m，高さ 2m）
② 下の図

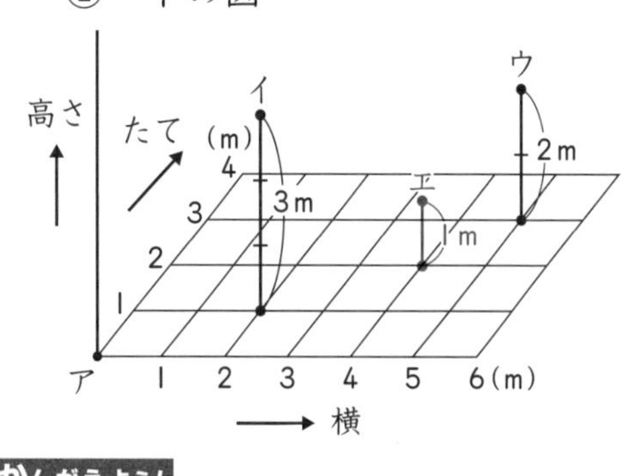

かんがえよう!

① ㋐　② ㋒

解説

1 ①辺アオに平行な辺は，右の図のように 3 本あります。

かんがえよう!

面アイウエに平行な面は，面アイウエに向かい合う面の1つ。面アイウエに垂直(すいちょく)な面は，面アイウエにとなり合う面の4つ。

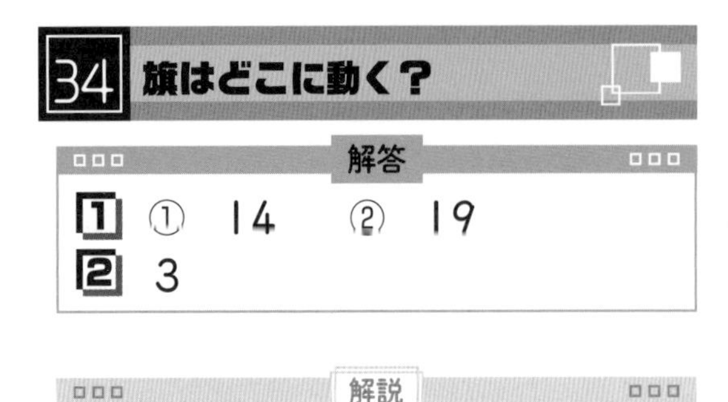

34 旗はどこに動く？

解答

1 ① 14　② 19

2 3

解説

ポイント
20ます進むと1周することに注意しましょう。

1 ① 5ます進むことを6回くり返すので，5×6=30 より，青い旗は，30ます進みます。
30−20=10 なので，青い旗は10のますに動きます。次に，6ます進むことを4回くり返すので，6×4=24 より，24ます進みます。10+24 で，34ます進むことになります。
34−20=14 なので，青い旗は14のますに動きます。

② 2ます進むことを12回，7ます進むことを4回，3ます進むことを9回で，
24+28+27 =79（ます）進みます。79−20−20−20=19 なので，青い旗は19のますに動きます。

2 8ます進むことを4回，9ます進むことを5回，2ます進むことを7回で，8×4+9×5+2×7=91（ます）進みます。白い旗ははじめに12のますにあったことに注意して，12+91 で，103ます進んだことになります。
103−20−20−20−20−20=3 なので，白い旗は3のますに動きます。

15350　答